中国工程造价咨询行业发展报告
（2015版）

主编◎中国建设工程造价管理协会　　　参编◎武汉理工大学　中国建设银行

中国建筑工业出版社

图书在版编目（CIP）数据

中国工程造价咨询行业发展报告（2015版）/中国建设工程造价管理协会主编；武汉理工大学，中国建设银行参编.—北京：中国建筑工业出版社，2016.2
ISBN 978-7-112-19049-2

Ⅰ.①中… Ⅱ.①中…②武…③中… Ⅲ.①工程造价—咨询业—研究报告—中国—2015 Ⅳ.①TU723.3

中国版本图书馆CIP数据核字（2016）第024902号

本报告基于2014年中国工程造价咨询行业发展总体情况，从行业发展现状、行业发展环境、行业标准体系建设、行业结构分析、行业收入统计分析、行业存在的主要问题和对策展望等6个方面进行了全面梳理和分析。此外，报告还就工程造价咨询行业诚信体系建设、新常态下企业发展战略、工程造价咨询行业信息化建设和行业高等教育等4个专题进行了研究，并列出了2014年大事记、重要政策法规及行业重要奖项与表彰名单。

责任编辑：赵晓菲　朱晓瑜
书籍设计：京点制版
责任校对：陈晶晶　张　颖

中国工程造价咨询行业发展报告
（2015版）
主编　中国建设工程造价管理协会
参编　武汉理工大学　中国建设银行

*

中国建筑工业出版社出版、发行（北京西郊百万庄）
各地新华书店、建筑书店经销
北京京点图文设计有限公司制版
北京云浩印刷有限责任公司印刷

*

开本：787×1092毫米　1/16　印张：13¾　字数：222千字
2016年3月第一版　2016年4月第二次印刷
定价：**75.00** 元
ISBN 978-7-112-19049-2
（28333）

编写委员会

主编：

吴佐民　中国建设工程造价管理协会　秘书长

副主编：

方　俊　武汉理工大学　教授

张兴旺　中国建设工程造价管理协会　理事长助理

编委：

杜艳华　郑州航空工业管理学院　讲师

张贤哲　湖北经济学院　系主任

朱宝瑞　中国建设工程造价管理协会　副主任

杨海欧　中国建设工程造价管理协会　工程师

汪建新　中德华建（北京）国际工程技术有限公司　董事长

胡俊兵　中智联（北京）智慧城市研究院　部长

刘　刚　广联达研究院　院长

柯　洪　天津理工大学　副院长

吴虹鸥　江苏捷宏工程咨询有限责任公司　总经理

朱　坚　上海第一测量师事务所有限公司　总经理

杨　珂　中国建设银行股份有限公司上海市分行造价咨询中心　总经理

周明觉　信永中和（北京）国际工程管理咨询有限公司　合伙人

审查人员：

李秀平　中信工程项目管理（北京）有限公司　总经理

吕发钦　北京中和惠源工程造价咨询有限责任公司　董事长

张　毅　上海市建管委业务受理中心　教授级高工

张月玲　北京筑标建设工程咨询有限公司　总经理

李协林　北京中立鸿建设工程咨询有限公司　董事长

陈　静　北京求实工程管理有限公司　总经理

郭靖娟　北京交通大学经济管理学院　副教授

薛秀丽　中国建设工程造价管理协会　副秘书长

2015 年，由于我国国民经济发展增速放缓、经济转型困难、企业盈利能力下降、资金链趋紧等因素影响，建筑和房地产业遇到了前所未有的困难，建筑业面临着固定资产投资增幅下降、建筑产业化转型升级、劳动力成本上升、建筑业设计及施工产能过剩等问题。在此背景下我国工程造价咨询行业，始终坚持以市场化为导向，坚持以工程造价管理为核心的全面项目管理理念，通过优化服务和拓展业务，保持平稳增长，并取得了以下成就：

一是行业规模持续增大。2014 年工程造价咨询企业全年实现营业收入1064.19 亿元，全年完成工程造价咨询项目涉及工程造价总额约 27.08 万亿元；实现利润总额 103.88 亿元，比 2013 年增长了 25.44%；全年上缴所得税合计 13.22 亿元。全国工程造价咨询企业达到 6931 家，比 2013 年增长 2.0%，其中甲级资质企业为 2774 家，比 2013 年增长 11.6%。

二是制度建设趋于完善。2014 年住房和城乡建设部标准定额司（后称"部标准定额司"）开展了系列调研活动，在全面梳理了工程造价管理中存在问题的基础上，提出了《关于进一步推进工程造价管理改革的指导意见》，明确了工程造价管理改革的总体要求、主要任务和措施。我协会积极地配合部标准定额司深入开展了工程造价领域前瞻性、系统性问题的研究，继续完善工程造价管理标准体系，积极推进行业专业基础建设，年内完成了多部标准规范的制修订工作。

三是开展行业诚信体系建设。我协会受部标准定额司的委托，于 2013 年 9 月份开始启动《工程造价咨询企业诚信体系建设实施方案研究》的课题研究工作，就工程造价咨询企业诚信体系建设的内涵、原则、思路、中长期规划以及信用评价指标体系如何建立等进行了深度剖析。2014 年 7 月，启动《工程造价咨询行业信用信息管理办法》编制工作,随后起草了《工程造价咨询企业信用评价办法(试行)》和《工程造价咨询企业信用评价标准》。在 2015 年启动了信用评价试点工作。2016 年将对企业信用评价工作面向全国全面开展。

四是行业协会凝聚力和影响力不断加强。在政府简政放权、转变职能的大趋势下,行业协会在引导行业发展、促进企业诚信经营、维护市场公平竞争、强化行业自律管理和人才培养等方面发挥着不可替代的作用,中价协正在逐步建立工程造价咨询行业诚信体系、执业标准体系、质量监管体系、行业奖惩体系、人才培养体系等,以适应未来形势的发展,更好地服务会员。

五是人才梯队逐渐建立。随着建筑业在我国经济建设中地位的不断提高,工程造价专业人才需求量不断增加。目前,我国注册造价工程师已经突破 14 万,造价员约 135 万人,遍布全国及 19 个专业工程领域,且数量还在逐年增加。我国开设工程造价专业的本科院校有 170 所,专科院校 658 所,每年有大量工程造价专业学生毕业并投身于工程造价专业工作。截至 2014 年末,工程造价咨询企业从业人员为 412591 人,比上年增长 23.3%。其中,注册造价工程师为 68959 人,比上年增长 5.06%,造价员为 104151 人,比上年增长 10.24%。工程造价咨询企业共有专业技术人员 286928 人,高、中、初级占专业技术人员比例分别为 21.87%、51.18%、26.95%。

我国已经进入了经济转型期,新型工业化、信息化、城镇化建设的推行,为工程造价咨询行业的转型升级与发展提供了重要机遇。简政放权、全面深化改革的大背景使市场在资源配置中的决定性作用更加明显。大数据、云计算、互联网为代表的现代信息技术,将改变行业的传统工作方式,提高工作效率。"一带一路"、京津冀一体化、长江经济带等国家战略规划的逐步落实将为工程造价行业带来新的市场机遇,使中国投资走出去的步伐日益加快。

国内市场化和去行政化的改革,会促进市场的逐步开放,这也将对国内工程造价咨询企业造成冲击。中国工程造价咨询企业要想长期持续健康的发展,应顺应经济、社会发展的大环境,转变思维模式,创新发展战略,占领先机。面对新经济形式,必须顺势而为,坚持稳中求进,遵循创新、融合开拓、共赢的理念,加强服务能力建设,提升企业内涵和核心竞争力,不断提高市场化的服务水平,推动工程造价行业再上新台阶。

目前，中国建设工程造价管理协会受部标准定额司的委托正在组织业内各方面的专家编制《工程造价行业发展"十三五"规划》，对"十二五"时期工程造价行业的发展成就和主要问题进行了剖析，并提出了"十三五"时期的工作任务。我们将按照党的十八大及十八届三中全会的精神和《关于进一步推进工程造价管理改革的指导意见》的要求，进一步深化工程造价管理制度改革，完善市场经济体制下的工程计价规则，提高工程定额的市场化水平和公共信息服务能力，通过加强工程造价专业人才队伍建设，积极培育行业组织，引导和促进工程造价咨询行业可持续发展。

2015 版的报告由我协会组织武汉理工大学、中国建设银行等单位共同编写，武汉理工大学负责统稿。本报告基于 2014 年中国工程造价咨询行业发展总体情况，从行业发展现状、行业发展环境、行业标准体系建设、行业结构分析、行业收入统计分析、行业存在的主要问题和对策展望等六个方面进行了全面梳理和分析。就工程造价咨询行业诚信体系建设、新常态下工程造价咨询企业发展战略、工程造价咨询行业信息化建设和行业高等教育等四个专题进行了研究，介绍了行业典型企业成功的经验，列出了 2014 年大事记、重要政策法规及行业重要奖项与表彰名单。这版报告除了编委会付出大量的心血外，还有武汉理工大学龚越、刘华丽、王馨雪、王伟铭等也为报告的编制做了大量的工作。在此，我对大家的辛勤努力和鼎力支持表示深深的谢意！感谢大家严谨的态度，热情的投入及无私的奉献。今年的报告较之去年有所完善和创新，但仍有提升空间，衷心希望全国工程造价咨询行业的同志们不吝赐教，积极献策，共同将《中国工程造价咨询行业发展报告》办成工程造价咨询行业的年度经典读物，为工程造价咨询行业可持续发展提供策略支持和路径参考。

徐惠琴

2016 年 1 月 28 日

CONTENTS 目录

第一章

行业发展现状

第一节 基本情况

一、企业总体情况

2014 年共计 6931 家造价咨询企业，其中甲级资质企业 2774 家，占比40.02%；乙级资质企业 4157 家，占比 59.98%。分布情况：各地区共计 6693 家，各行业共计 238 家。同时，6931 家造价咨询企业中有 2170 家专营工程造价咨询企业，占比 31.31%；兼营工程造价咨询业务且具有其他资质的企业有 4761 家，占比 68.69%。

二、从业人员总体情况

2014 年末，工程造价咨询企业从业人员 412591 人。其中，正式聘用员工379154 人，占 91.9%；临时聘用人员 33437 人，占 8.1%。

2014 年末，工程造价咨询企业共有注册造价工程师 68959 人，占全部造价咨询企业从业人员 16.71%；造价员 104151 人，占 25.24%。

2014 年末，工程造价咨询企业共有专业技术人员 286928 人，占全部造价咨询企业从业人员 69.54%。其中，高级职称人员 62745 人，中级职称人员 146837 人，初级职称人员 77346 人，各级别职称人员占专业技术人员比例分别为 21.87%、51.18%、26.95%。

三、业务总体情况

2014 年工程造价咨询企业的营业收入为 1064.19 亿元。其中，工程造价咨询业务收入 479.25 亿元，占 45.03%；招标代理业务收入 101.41 亿元；建设工程监理业务收入 217.42 亿元；项目管理业务收入 193.68 亿元；工程咨询业务收入 72.43 亿元。

上述工程造价咨询业务收入中：

（1）按所涉及专业划分，其中房屋建筑工程专业收入 285.51 亿元，占全部工程造价咨询业务收入比例为 59.57%；市政工程专业收入 68.03 亿元，占 14.2%；公路工程专业收入 20.26 亿元，占 4.23%；火电工程专业收入 11.67 亿，占 2.44%；水利工程专业收入 9.70 亿元，占 2.02%；其他各专业收入合计 84.08 亿元，占 17.54%。

（2）按工程建设的阶段划分，其中前期决策阶段咨询业务收入为 49.63 亿元、实施阶段咨询业务收入 127.98 亿元、竣工决算阶段咨询业务收入 165.94 亿元、全过程工程造价咨询业务收入 115.58 亿元、工程造价经济纠纷的鉴定和仲裁的咨询业务收入 6.78 亿元，各类业务收入占工程造价咨询业务收入比例分别为 10.36%、26.71%、34.62%、24.12% 和 1.41%。此外，其他工程造价咨询业务收入 13.34 亿元，占 2.78%。

2014 年工程造价咨询企业完成的工程造价咨询项目所涉及的工程造价总额约 27.08 万亿。

2014 年排名前百位工程造价咨询企业业务收入合计 100.15 亿元，同比增长 18.23%。收入排名第 1 位的企业收入为 3.27 亿元，收入排名第 100 位的企业收入由 2013 年的 4821 万元增至 5515.3 万元。

四、财务总体情况

据统计，我国工程造价咨询企业 2014 年实现利润总额达 103.88 亿元；2013 年实现利润总额为 82.81 亿元；2012 年实现利润总额为 72.91 亿元。从企业利润总额的变化趋势来看，2014 年比 2013 年增长了 25.44%，2013 年比 2012 年增长了 13.58%。

第二节 主要成果

一、完成制定工程造价管理专业标准、规范和管理办法

国务院编制了《关于促进市场公平竞争维护市场正常秩序的若干意见》(国发〔2014〕20号)和《社会信用体系建设规划纲要(2014~2020年)》(国发〔2014〕21号)。

国家发展改革委放开了除政府投资项目及政府委托服务以外的建设项目前期工作咨询、工程勘察设计、招标代理、工程监理等4项服务收费标准,实行市场调节价。

民政部、中央编办、发展改革委、工业和信息化部、商务部、人民银行、工商总局、全国工商联共同提出了推进行业协会商会诚信自律建设工作的意见。

住房和城乡建设部(以下简称住建部)及国家工商行政管理总局联合发布了《建设工程施工合同(示范文本)》。

住建部标准定额司组织编制的《建筑业营改增建设工程计价规则调整实施方案》、《建设工程定额体系》、《建设工程工程量清单规范体系》、《建设工程计价依据体系表》已完成征求意见稿。住建部标准定额司组织起草了《关于加强"新型城镇化"工程建设标准管理工作的意见(草案)》。

中国建设工程造价管理协会(以下简称"中价协")完成了《建设工程造价咨询合同(示范文本)》的修订工作以及国家标准《建设工程造价咨询规范》(GB/T 50195-2015)的颁布和宣贯工作;完成了国家标准《建设项目工程结算编审规范》、《建设项目工程造价鉴定规范》以及协会标准《建设项目投资估算编审规程》、《建设项目设计概算编审规程》的制修订工作,编制和发布了《中国工程造价咨询行业发展报告(2014版)》。

上海市建筑建材业市场管理总站制定并发布了《上海市工程造价信息发布机制改革方案》。

河南省住房和城乡建设厅制定了《河南省建设工程工程量清单招标评标办法》(豫建〔2014〕36号)、《河南省建设工程计价依据解释管理办法》、《河南省建设

工程工程量清单综合单价 D 市政工程（隧道分册)》、《河南省省外工程造价咨询企业进豫登记备案管理办法》等文件，调整了河南省建设工程安全文明施工措施费计取办法。

山西省住房和城乡建设厅组织对《山西省建设工程计价依据》（2011 版）进行了修编。

湖南省住房和城乡建设厅组织制定并颁发了《湖南省建设工程计价办法》（2014 版）和新版《湖南省建设工程消耗量标准》（2014 版)，修订了《湖南省建筑工程材料预算价格编制与管理办法》；湖南省建设工程造价管理总站组织相关单位编纂 2014 卷《湖南建设造价年鉴》，组织修订《湖南省建设工程合同备案管理实施细则（试行)》及《湖南省建设工程材料、工程设备预算价格编制管理办法》。

广西建设工程造价管理总站编制了 2014 年《广西建设工程人工材料设备机械数据库》。

四川省住房和城乡建设厅、四川省发展和改革委员会制定了《四川省房屋建筑和市政工程工程量清单招标投标报价评审办法》和《四川省工程造价咨询行业自律公约》实施细则；四川省建设工程造价管理总站组织编制了 2015 年《四川省建设工程工程量清单计价定额》。

吉林省住房和城乡建设厅制定并发布了《吉林省建筑工程最高投标限价（招标控制价）管理规定》、《吉林省建设工程竣工结算备案管理暂行办法》，颁布了《吉林省园林仿古建筑工程计价定额》及《吉林省园林仿古建筑工程费用定额》，对《吉林省轨道交通工程计价定额》部分项目进行了调整，对《吉林省建筑工程计价定额》、《吉林省安装工程计价定额》、《吉林省市政工程计价定额》、《吉林省市政工程补充计价定额》中的人工综合工日单价进行了调整。

甘肃省建设工程造价管理总站编制了《甘肃省安装工程概算定额》、《甘肃省建筑工程概算定额》。

二、行业监管与自律

住建部标准定额司组织专家组成检查组对几个省建设工程清单计价国家标准贯彻实施情况进行了检查。在宁夏银川召开了东北、华北、西北、西南片区全国工程造价管理有关工作座谈会，主要讨论了《建筑业营改增建设工程计价规则调整实施方案》、《建设工程定额体系》、《建设工程工程量清单规范体系》、《工程造价咨询企业管理办法》（建设部令第 149 号）及《注册造价工程师管理办法》（建设部令第 150 号）的修订。

中价协对《建设工程造价管理条例》进行了立法研究，对《工程造价咨询企业管理办法》提出相应修改建议并配合完成《工程造价咨询企业信用评价办法》和《工程造价咨询企业信用评价标准》制定工作；开展工程造价咨询企业信用评价试点；征求《会员执业违规行为惩戒暂行办法》意见，制定了《会员执业违规行为惩戒暂行办法》；开展了相关评优选先活动；配合住建部标准定额司宣贯《建筑工程发包与承包计价管理办法》，并协助地方落实和开展实施细则制定工作；开展了工程造价咨询优秀成果评选、优秀论文评选等工作。

北京、上海、安徽、四川、陕西、湖南、江苏、海南 8 个省（市）按期建成省级建筑市场监管一体化工作平台并实现与住建部中央数据库实时互联互通。

北京市建设工程造价管理协会组织专家编写了《2012 北京市房屋修缮工程预算定额培训讲义》；调研了北京市建设工程造价咨询企业咨询服务收费，及时调整了《北京市建设工程造价咨询参考费用表》、《工程造价咨询日参考费用表》及《北京市建设工程造价咨询费用指数》。

山西省建设工程造价管理协会对全国建设工程造价员从业资格考试大纲及培训教材（山西省）修编方案论证并全面修订。

广东省建设工程造价管理总站对广东省计价软件进行了系列技术测评，调查了建设工程施工机械台班有关情况，征集了广东省建设工程计价依据修编意见和广东省工程造价管理信息化改革思路的意见；开展了广东省地方标准《建设工程招标投标造价数据标准》（DBJ/T 15-99-2014）接口技术测评工作。

广西建设工程造价管理总站组织开展了 2014 年市政工程造价计价软件符合性测评工作。

河南省住房与城乡建设厅对河南省 2014 年工程造价咨询企业动态考核抽查。河南省建筑工程标准定额站和河南省注册造价工程师协会开展了河南省 2014 年工程造价咨询企业动态考核、清单计价国家标准贯彻实施情况监督检查。

湖北省建设工程标准定额管理总站组织开展了湖北省建筑业营改增测算及湖北省工程造价计价软件符合性评测。

湖南省建设工程造价管理总站制定了《湖南省建设工程人工工资单价动态调整办法》，征集了2014版《湖南省建设工程计价办法》和《湖南省建设工程消耗量标准》反馈意见。湖南省住房和城乡建设厅发布了湖南省2014年通过工程造价计价软件符合性评测结果。

云南省住房和城乡建设厅标准定额处进行了云南省2013版建设工程造价软件符合性评测工作。

河北省住房和城乡建设厅组织专家对河北新奔腾软件有限公司、中国建筑科学研究院建研科技股份有限公司、深圳市斯维尔科技有限公司、广联达软件股份有限公司等5家软件公司开发的计价软件进行了综合测评。

四川省住房和城乡建设厅开展了2014年度工程造价咨询企业动态核查，四川省造价工程师协会征求了《四川省工程造价咨询企业能力和信用综合评价暂行办法》（征求意见稿）的意见。

甘肃省建设工程造价管理协会开展了2014年全省工程造价咨询企业执业诚信评价活动，甘肃省住房和城乡建设厅开展了甘肃省建筑安装工程概算计价软件测评工作。

吉林省建设工程造价管理协会成立了吉林省建设工程造价专家委员会，发布了《吉林省建设工程造价专家委员会管理办法》，修订了《吉林省建设工程造价咨询行业公约及实施办法》。

三、行业相关课题研究

住建部委托中价协召开了《工程造价咨询企业诚信体系建设实施方案研究》课题成果审查会，中价协对全国工程造价咨询企业信用评价系统进行了验收。

住建部还委托中价协召开了《工程造价专业人才培养与发展战略研究》课题成果审查会。

中价协配合住建部标准定额司完成了"工程建设标准定额经费使用管理制度和绩效评价方法"课题研究。

四、学习培训与研讨交流

住建部建筑市场监管司在北京举行了工程质量治理两年行动建筑市场执法人员培训会。

中价协组织开展造价咨询企业调查问卷；分别在北京、天津、上海、海口、贵阳等地召开《建筑工程施工发包与承包计价管理办法》（住房和城乡建设部令第16号）宣贯会议；面向会员单位，在北京建筑大学举办了题为"论新公司法实施对造价咨询企业未来发展的影响"的公益讲座。

中价协与北京市建设工程造价管理协会在北京市举办了《建设工程工程量清单计价规范》（GB 50500-2013）及《房屋建筑与装饰工程工程量计算规范》等9本规范以及《建设工程施工合同（示范文本）》培训班。

天津市建设工程造价管理总站与天津市建设工程造价和招投标管理协会举办了《建筑工程建筑面积计算规范》（GB/T 50353-2013）贯宣和培训工作。

湖南省建设工程造价管理总站举办了光纤到户国家标准学习培训班。

河南省注册造价工程师协会对2014年度全省造价员资格考试合格人员进行了初始教育培训，举办了BIM技术推广应用讲座，组织企业高管参加了天津理工大学工程造价管理高级研修学习班。河南省建筑工程标准定额站完成了无障碍环境建设培训工作。

湖南省建设工程造价管理总站、湖南省建设干部学校联合举办了《建设工程工程量清单计价规范》及2014版《湖南省建设工程计价办法》交底学习培训班。

四川省住房和城乡建设厅开展了《建筑工程建筑面积计算规范》（GB/T 50353-2013）贯宣工作，四川省造价工程师协会举办了第二届"四川省高等院校工程造价知识"暑期师资技术培训班。

云南省建设工程造价管理协会、云南省人才培训中心举办了2014年第一、二期提高工程造价业务技能培训班，该协会还举办了《云南省2013版建设工程造价计价依据》宣贯培训。

中价协在浙江省杭州市主办召开了第二届企业家高层论坛，该论坛由浙江省建设工程造价管理协会协办，浙江省建经投资咨询有限公司和浙江万邦工程管理咨询有限公司承办，各相关企业代表出席。

第二章

行业发展环境

第一节　宏观环境

一、经济环境

（一）宏观经济

（1）国民生产总值。2014 年我国国内生产总值 636463 亿元，比上年增长 7.4%。其中，第一产业增加值 58332 亿元，增长 4.1%；第二产业增加值 271392 亿元，增长 7.3%；第三产业增加值 306739 亿元，增长 8.1%。第一产业增加值占国内生产总值的比重为 9.2%，第二产业增加值所占比重为 42.6%，第三产业增加值所占比重为 48.2%。2014 年全年国内生产总值增速较上年下滑 0.3 个百分点。2014 年是转折之年，经济转入新常态。

（2）经济结构。从 2014 年经济数据来看，我国经济已经在产业结构、需求结构、工业内部结构、工业利润结构、投资结构、收入分配结构、单位 GDP 能耗、就业和 CPI 等九个方面表现出好的苗头。在产业结构方面，2013 年我国的第三产业同比增长 7.3%，2014 年第三产业同比增长达到 8.1%，第三产业对 GDP 的贡献率在 2014 年达到了 51.7%，第一、第二、第三产业占比的结构在逐渐改善。

（3）固定投资。2014 年在固定资产投资（不含农户）中，第一产业投资 11983 亿元，比上年增长 33.9%；第二产业投资 208107 亿元，增长 13.2%；第三产业投资 281915 亿元，增长 16.8%。民间固定资产投资 321576 亿元，增长 18.1%，占固定资产投资（不含农户）的比重为 64.1%。

（二）建筑业发展

（1）建筑业增速放缓。2014 年全国建筑业总产值 176713 亿元，同比增长 10.2%（均以统计局快报值核算）。其中，一季度建筑业同比增长 15.9%，二季度增长 15.3%，三季度增长 13.5%，四季度增长 10.9%，如图 2-1 所示。2014 年全年社会建筑业增加值 44725 亿元，比上年增长 8.9%。全国具有资质等级的总承包和专业承包建筑业企业实现利润 6913 亿元，增长 13.7%；其中国有及国有控股企业 1639 亿元，增长 11.7%。

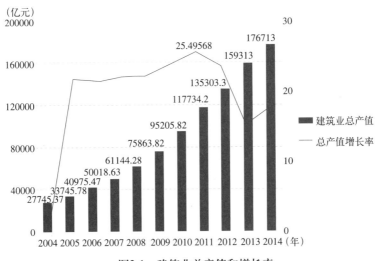

图2-1　建筑业总产值和增长率

数据来源：国家统计局统计年鉴

（2）建筑产业化有序推进。2013 年 11 月 7 日，全国政协召开双周协商座谈会，建言"建筑产业化"。这次会议的召开，向建筑业发出了明确的信号——建筑产业化的推行迫在眉睫、势在必行。建筑产业化（或称"住宅工业化"）是采用标准化设计、工厂化生产、装配化施工、一体化装修和信息化管理为主要特征的生产方式，并在设计、生产、施工、开发等环节形成完整的、有机的产业链，实现房屋建造全过程的工业化、集约化和社会化。在政府及相关部门的大力推动下，建筑产业化这种更环保、高效、快捷的建房模式正被更多的房地产企业所采用，万科、绿地、卓达等企业先后进行了住宅产业化的尝试，取得了一定成效。

（三）房地产经济

2014 年全国建筑业房屋建筑施工面积 125 亿 m^2，同比增长 10.4%，增幅较 2013 年下滑 4.2 个百分点，2014 年全年房地产开发投资 95036 亿元，比上年增长 10.5%；其中，住宅投资 64352 亿元，增长 9.2%；办公楼投资 5641 亿元，增长 21.3%；商业营业用房投资 14346 亿元，增长 20.1%。2014 年以来，我国国房景气指数逐月下滑，房地产投资增速显著放缓，房地产销售面积和销售额同比大幅下滑，70 个大中城市中房价下跌城市不断增加。随着房地产市场调整的不断加深，受市场力量的自身调节，未来房地产行业投资增速进入低速增长区间，行业竞争倒逼市场出清，房地产市场出现了市场力量主导的自我调整。从需求面看，我国人口拐点正在出现，20 ~ 49 岁的购房人口总量在 2015 年将达到高峰，随后进入下降通道，国内民众对房产的投资性需求将减弱。房地产开发企业对地产的投资意愿有所下降。

二、政策环境

（一）经济政策

我国财政政策持续发力，"稳增长"与"调结构"并行。货币政策则将逐步从"宽货币紧信贷"转向"宽货币宽信贷"，而市场利率也有望维持较低水平，同时不排除央行降息的可能性。从风险角度分析，我国经济转型带来的增长放缓超预期、企业盈利能力下滑、央行货币政策转向以及地方政府债务风险等问题，也将在一定程度上导致宏观经济环境结构的不确定性。

（二）新型城镇化政策

2014 年与工程造价咨询行业关系最紧密的政策包括：积极推动城镇化进程，促进城乡发展一体化；《国家新型城镇化规划（2014—2020 年）》提出到 2020 年底，我国常住人口城镇化率达到 60%。2014 年以来中国城镇化推进政策汇总如表 2-1 所示。

2014年中国城镇化主要政策汇总　　　　表2-1

颁布时间	政策颁布	政策内容及意义
2014 年 01 月	《国家新型城镇化规划（2014—2020 年）》	此规划要求按照走中国特色新型城镇化道路、全面提高城镇化质量的新要求，明确未来城镇化的发展路径、主要目标和战略任务，统筹相关领域制度和政策创新，是指导全国城镇化健康发展的宏观性、战略性、基础性规划。此规划提到 2020 年将实现 1 亿农业转移人口城镇落户
2014 年 06 月	《关于开展国家新型城镇化综合试点工作的通知》	国家发展和改革委员会（简称"国家发展改革委"）共收到 169 个市、县、镇的申报方案。现阶段，国家发展改革委、财政部、国土部、住建部等 11 个部委初步确定了"62+2"的试点方案

（三）城市基础设施有关政策

（1）根据《国务院关于加强城市基础设施建设意见》，我国明确了城市道路交通基础设施、管网建设、污水及垃圾处理设施、生态园林建设是未来城市基础设施建设的四大核心领域。该意见要求优先加强供水、供气、供热、电力、通信、公共交通、物流配送、防灾避险等与民生密切相关的基础设施建设，加强老旧基础设施改造，并提供了到 2015 年该建设达成的目标计划，其中全国轨道交通新增里程 1000 公里。

（2）政府和社会资本合作（PPP）相关政策。《国务院关于创新重点领域投融资机制鼓励社会投资的指导意见》中指出在公共服务、资源环境、生态建设、基础设施等重点领域进一步创新投融资机制，充分发挥社会资本特别是民间资本的积极作用。2014 年财政部和国家发展改革委发布的有关 PPP 项目的相关政策和文件见表 2-2。

2014年政府和社会资本合作相关政策汇总　　　　表2-2

颁布时间	政策颁布	政策要点
2014 年 09 月	《关于推广运用政府和社会资本合作模式有关问题的通知》[财金〔2014〕76 号]	财政部发出 PPP 总动员，要求积极推动项目试点，尽快形成制度体系；属于框架性、指导性文件
2014 年 11 月	《政府和社会资本合作模式操作指南（试行）的通知》[财金〔2014〕113 号]	制定 PPP 实操指南，从项目识别、项目准备、项目采购、项目执行、项目移交五个方面做具体规定；属于实施性、操作性文件

续表

颁布时间	政策颁布	政策要点
2014 年 11 月	《关于政府和社会资本合作示范项目实施有关问题的通知》[财金〔2014〕112 号]	发布首批 PPP 示范项目，30 个项目遍布全国 15 个省市，涉及城市轨道交通、污水处理、供水供暖、环境治理等多个领域
2014 年 12 月	《关于规范政府和社会资本合作合同管理工作的通知》[财金〔2014〕156 号]	规范 PPP 合同管理，发布 PPP 项目合同管理指南
2014 年 12 月	《关于政府和社会资本合作项目政府采购管理办法的通知》[财库〔2014〕215 号]	推广 PPP 模式，规范 PPP 项目政府采购行为，主要从 PPP 项目政府采购程序、争议处理和监督检查等方面做了规定
2014 年 12 月	《关于开展政府和社会资本合作的指导意见》[发改投资〔2014〕2724 号]	发展改革委 PPP 模式总动员，明确项目的范围、操作模式、工作机制及政策保障，属于框架性、指导性文件
2014 年 12 月	《政府和社会资本合作项目通用合同指南》(2014 年版)	PPP 项目合同指南，包括合同主体、合作关系、项目前期工作、收入和回报、不可抗力和法律变更、合同解除、违约处理、争议解决以及其他约定等

三、社会环境

（一）政府简政放权，行政审批制度的改革

为简化资质审批内容，住建部出台了《建筑业企业资质管理规定与资质标准实施意见》，修订了设计、监理资质标准，减少了资质类别设置，简化了考核条件，减少了申报材料，减轻了企业负担。

（二）中国社会信用体系建设促进行业信用体系的建设

社会信用体系是社会主义市场经济体制和社会治理体制的重要组成部分。它以法律、法规、标准和契约为依据，以健全覆盖社会成员的信用记录和信用基础设施网络为基础，以信用信息合规应用和信用服务体系为支撑，以树立诚信文化理念、弘扬诚信传统美德为内在要求，以守信激励和失信约束为奖惩机制，目的是提高全社会的诚信意识和信用水平。

根据党的十八大提出的"加强政务诚信、商务诚信、社会诚信和司法公信建设"，党的十八届三中全会提出的"建立健全社会征信体系，褒扬诚信，惩戒失信"，

《中共中央国务院关于加强和创新社会管理的意见》提出的"建立健全社会诚信制度",以及《中华人民共和国国民经济和社会发展第十二个五年规划纲要》提出的"加快社会信用体系建设"的总体要求,2014 年 6 月国务院制定并印发了《社会信用体系建设规划纲要(2014—2020 年)》。

目前,我国正处于社会信用体系建设的起步阶段到发展阶段初期的过渡期。在这个时期,随着市场经济的发展,社会对诚信的要求非常迫切,但信用经济发展不足,市场信用需求尚未得到充分的挖掘和释放,全国各地建设社会信用体系的热情逐步高涨,迫切需要国家对前一阶段的建设经验进行总结,对全国社会信用体系建设进行统一的指导。

(三)互联网等信息技术的普及

"互联网 +"是指以互联网为主的一整套信息技术(包括移动互联网、云计算、大数据技术等)在经济、社会各个部门的扩散,本质在于传统行业的在线化和数据化。它的特点是优化资源配置,实现集成管理,提高生产力,创新发展,实现的方式是通过大数据、云计量和物联网。

云计量是由行业、企业、用户的分散计量向集中化、网络化计量的一次革命性转变,是从简单的计量监控向深层次统计分析的技术性转变,是由事后的补救向实时预警的重大转变,由时空的限制向无时空限制的革命性转变。云计量通过传感网技术和泛在网技术的融合,以及云存储、云计算、运存储技术的应用使得计量技术实现了任何时间、任何点对任何事物的监控,同时能够对即将发生的事情进行预警,在统计分析的基础上为所有者及用户提供相应的分析报告和建议,是计量领域的一次技术性革命。

四、宏观环境对工程造价咨询业的主要影响

(一)经济新常态对工程造价咨询行业发展的主要影响

未来几年是新常态统领中国经济工作的关键年份,也是经济结构转型的重要年份,未来几年将面临经济增长速度、增长动力、经济结构、发展方式等全方位的转型切换。要坚持稳中求进、改革创新，进一步创新宏观调控的方式方法，在促改革、调结构、惠民生协同并进中稳增长，推动我国经济行稳致远。

（1）固定资产投资、建筑业、房地产业增速放缓将直接影响工程咨询行业的业务收入总体增幅，特别是业务收入主要对象是房地产业的咨询公司，将面临业务结构调整的局面。

（2）建筑产业化是未来的方向，将对建筑建造方式产生重大变革。造价咨询企业需要对建筑产业化的工程成本测算和控制认真研讨，总结并完善包括人、材、机等在内的技术经济数据和造价咨询的操作要求、程序和措施。随着绿色建筑对室内环境和室外环境的不断提高和对某些建筑的强制性要求，要掌握其人力、材料、设备各自的价格和成本组成。工程造价咨询行业属于建筑业的一个行业，与建筑业的发展和兴衰戚戚相关，因此，工程造价咨询行业应该适应产业发展的变化，及时学习新的知识并做出战略性的调整。

（二）相关政策带来的主要影响

（1）《国家新型城镇化规划（2014—2020年）》指出新型城镇化支持建立多元可持续的资金保障机制，按照推进农业转移人口市民化的要求，大力推进政府购买服务工作，促进政府职能转变，将为行业带来新的机遇和挑战。从表2-1的内容可以看出国家对新型城镇化的重视。在新型城镇化进程中，需要大量的基础设施和住宅建设，工程造价咨询企业也可以借此契机壮大和发展。

（2）《国务院关于加强城市基础设施建设的意见》是改革开放以来，首次以国务院的名义就城市基础设施建设发文。这无疑为建筑业带来利好消息，有利于工程造价咨询行业市场规模的扩大。

（3）PPP已成为当前中国经济发展的新兴模式，渗透到对外投资、新型城镇化及地方债管理等诸多领域，蕴藏着巨大商机。在国务院制定的地方债管理新规中，PPP作为列明的仅有两种方式之一，将在"后地方债"时代承担为公共基础设施项目建设融资的重任，为作为第三方中介服务的工程造价咨询业务带来广阔的发展空间。

（三）社会环境主要影响

1. 简政放权提高企业办事效率

随着政府简政放权政策的落实到位及市场活跃度的提高，企业淘汰速度可能加快，企业区域集中度将会提高，具有比较优势和规模优势的大型造价咨询企业的发展更加突出，有助于提高行业的整体工作效率及经济效益；创新资质审批方式，继续开发企业资质管理系统，推进企业资质基本实现"网上审批"。完善专家管理制度，研究制定企业资质专家异地评审管理流程和监管办法，开展专家异地评审试点。

2. 中国社会信用体系建设促进行业信用体系的建设

中国社会信用体系以建立健全社会征信体系为目标，褒扬诚信，惩戒失信。工程造价行业诚信体系的建设是中国社会信用体系的一部分，应利用中国社会信用体系建设的契机，建设和完善工程造价咨询企业诚信体系。

工程造价咨询企业诚信体系有助于提升我国建设工程造价咨询企业的管理水平，打造具有中国特色和国际影响力的工程造价咨询企业，树立良好企业形象，培养一大批具有核心竞争力的工程造价咨询服务专业人员队伍，提升工程造价咨询行业的社会影响力，规范工程造价管理活动。

3. "互联网"等信息技术的应用助推造价行业的发展

互联网、BIM 等信息技术的发展有助于建设工程要素价格、典型工程数据信息的收集与共享，使工程计价更加准确、快捷，实现工程造价的有效控制和动态管理，促进项目的科学决策；有助于丰富和完善与建筑技术发展水平相适应的各类工程计价定额，方便工程计价；有助于促进工程造价的有效管理和项目价值的提升；有利于提高行业企业的核心竞争力，同时对我国工程造价信息化标准体系的进一步完善和建立提出要求。具体体现在：一是对于工程计量，甚至简单的计价工作将成为造价咨询行业的低端业务，可通过网上协同完成；二是优秀咨询企业将基于优秀的平台技术和项目集成管理能力，得到优质的客户资源（包括项目开发、项目分配），并提高服务质量；三是数据（信息）将成为造价咨询企业的核心竞争力之一，工程计价信息的获取方式将会发生改变，如：购买服务，联盟共享，规模企业自身深加工等。

第二节　行业政策环境

一、国家法律层面

国家层面的法律主要有《中华人民共和国建筑法》、《中华人民共和国招标投标法》、《中华人民共和国价格法》、《中华人民共和国合同法》、《中华人民共和国政府采购法》、《中华人民共和国审计法》等。

二、国家行政法规层面

国家行政法规层面主要有《中华人民共和国招标投标法实施条例》、《中华人民共和国政府采购法实施条例》、《中华人民共和国审计法实施条例》等。

2011年经国务院批准，财政部、国家税务总局联合下发营业税改增值税试点方案。从2012年1月1日起，在上海交通运输业和部分现代服务业开展营业税改征增值税试点。截至2013年8月1日，"营改增"范围已推广到全国试行。部分现代服务业主要是部分生产性服务业，包括研发和技术服务、信息技术服务、文化创意服务（设计服务、广告服务、会议展览服务等）、物流辅助服务、有形动产租赁服务、鉴证咨询服务。

"营改增"对工程造价咨询服务业的影响主要体现在三个层面。第一个层面是对行业的影响，"营改增"能够促进工程造价咨询行业的健康、有序发展，主要原因在于增值税以票管税和凭票扣税的思想，要求工程造价咨询行业重视对发票的管理，这对目前流行的挂靠承包行为起到抑制作用。第二个层面是对咨询服务业业务的影响。"营改增"后征收的增值税属于价外税，价外税与营业税有着本质区别，通过影响定价而影响其业务范围及规模。第三个层面是对造价咨询企业财务管理的影响主要有以下六个方面：第一，营业税计税基数为营业额，增值税的计税基数为销项税额减去进项税额计算出应交税额；第二，由于计税方式的改变，"营改增"将对造价咨询业务价格的制定产生一定的影响；第三，"营改增"将对企业财务分析产生一定的影响，增值税属于价外税，不在利润表中反应，财务处理、记账方法与营业税有区别，这些变化会对财务分析产生不同的影响；第四，对税款计算的影响。"营改增"后，为客户开具增值税专用发票时，税控系统会按照增值税发票票面金额计算销项税额，将会对企业应缴税金的计算以及确定纳税义务的发生时间产生影响；第五，税务稽查更加严格。税务部门对增值税专用发票的开具、使用及管理非常严格；第六，增加了工程造价咨询行业纳税遵从成本。"营改增"后，税务机关对咨询服务业的增值税征管变为对以票控税和以票管税，增值税进行税额实施凭票抵扣的管理办法，由此将派生许多审批事项和相关工作，从而增加了纳税的遵从成本。

三、部门规章层面

（一）国家发展和改革委员会

国家发展改革委 2014 年颁布了《政府核准投资项目管理办法》、《中央预算内直接投资项目管理办法》。

（1）《政府核准投资项目管理办法》简化了项目申请报告的报送内容和项目核准机关的审查内容，仅审查项目的"外部性"条件，了解项目的"内部性"条件，将企业投资自主权"还权到位"。企业投资项目的"外部性"主要包括维护经济安全、合理开发利用资源、保护生态环境、优化重大布局、保障公共利益、防止出现垄断等。项目的"内部性"条件，包括市场前景、经济效益、资金来源和产品技术方案等，均由企业自主决策。

（2）《中央预算内直接投资项目管理办法》中规定：申请安排中央预算内投资 3000 万元及以上的项目，以及需要跨地区、跨部门、跨领域统筹的项目，由国家发展改革委审批或者由国家发展改革委委托中央有关部门审批，其中特别重大项目由国家发展改革委核报国务院批准；其余项目按照隶属关系，由中央有关部门审批后抄送国家发展改革委。由国家发展改革委负责审批的项目，其可行性研究报告应当由具备相应资质的甲级工程咨询机构编制。

（二）住房和城乡建设部

住房和城乡建设部（以下简称住建部）2014年颁布了《工程建设标准培训管理办法》、《建筑工程施工转包违法分包等违法行为认定查处管理办法（试行）》、《住房城乡建设领域违法违规行为举报管理办法》、《建筑工程施工发包与承包计价管理办法》、《关于推进建筑业发展与改革的若干意见》（建市〔2014〕92号）。

住建部以建标〔2014〕142号印发《关于进一步推进工程造价管理改革的指导意见》。该指导意见的主要任务和措施是：健全市场决定工程造价制度；构建科学合理的工程计价依据体系；建立与市场相适应的工程定额管理制度；改革工程造价信息服务方式；完善工程全过程造价服务和计价活动监管机制；推进工程造价咨询行政审批制度改革；推进造价咨询诚信体系建设；促进造价专业人才水平提升。

2014年住建部发布《建筑工程施工发包与承包计价管理办法》，明确监管的主体是县级以上地方人民政府住房城乡建设主管部门。其次，各级监管部门要加强对建筑工程承发包计价活动日常的定期或不定期的监督检查，以及投诉举报的核查，并应当将监督检查的处理结果向社会公开。

为了加快推进建筑市场监管信息化建设，保障全国建筑市场监管与诚信信息系统有效运行和基础数据库安全，住建部制定了《全国建筑市场监管与诚信信息系统基础数据库数据标准（试行）》和《全国建筑市场监管与诚信信息系统基础数据库管理办法（试行）》。

2014年，中价协为贯彻落实国务院、住建部关于社会信用体系建设的工作部署，指导和规范工程造价咨询业开展信用评价工作，推进工程造价咨询行业信用体系建设，组织制定了《工程造价咨询行业信用评价办法》和《工程造价咨询企业信用评价标准》的征求意见稿。

四、地方法规与规章层面

各省、自治区、直辖市及相关地市2014年也陆续出台各项办法与规定，例如《上海市建筑市场信用信息管理暂行办法》、《上海市建设工程工程量清单计价应用规则》、《重庆市建设工程安全文明施工费计取及使用管理规定》、《吉林省建筑工程最高投标限价（招标控制价）管理规定》、《宁夏回族自治区建设工程工程量清单招标控制价管理办法》、《安徽省建设工程造价管理条例》、《武汉市工程造价咨询执业质量检查办法》等，进一步补充与完善了我国地区性的建设工程法律法规体系。

各地为响应造价咨询行业自律体系的建立，积极筹备和推进诚信体系建设，相继出台了一系列管理办法，如沪建管联〔2014〕320号文《上海市建筑市场信用信息管理暂行办法》、苏建价协〔2014〕10号文《江苏省工程造价咨询企业信用评价办法》、武建标定〔2014〕2号《武汉市工程造价咨询执业质量检查办法》、闽建价〔2014〕52号《福建省工程造价咨询成果文件质量检查暂行办法》、《福建省工程造价咨询成果文件网上备案检查暂行办法》等。

2014年各省、自治区、直辖市及相关地市根据住建部改革精神，积极推行工程造价管理改革，也发布了一系列地方性工程造价管理改革相关办法和规定，进一步补充与完善了我国地区性的工程造价领域相关法规、制度。2014年各省、自治区、直辖市及相关地市发布的一些主要法规、制度详如表2-3所列。

部分地方工程造价管理改革相关办法和规定　　　　　　　表2-3

文件编号	相应文件	实施日期
沪建管联〔2014〕320号	《上海市建筑市场信用信息管理暂行办法》	2014年4月11日
沪建管〔2014〕872号	《上海市建设工程工程量清单计价应用规则》	2014年12月1日
—	《上海市建筑市场管理条例》修订	2014年10月1日
渝建发〔2014〕25号	《重庆市建设工程安全文明施工费计取及使用管理规定》	2014年7月1日
闽建价〔2014〕25号	《福建省建设工程造价指标数据评审暂行办法》	2014年7月1日
闽建价〔2013〕47号	《福建省建设工程造价指标编制暂行办法》	2014年1月1日
豫建设标〔2014〕30号	《河南省建设工程计价依据解释管理办法》	2014年6月12日
湘建价〔2014〕170号	《湖南省建筑工程材料预算价格编制与管理办法》	2014年10月9日
吉建造〔2014〕19号	《施工企业社会保险费计取有关规定》	2014年9月1日
吉建发〔2014〕22号	《吉林省建筑工程最高投标限价（招标控制价）管理规定》	2014年7月1日
宁建（科）〔2014〕26号	《宁夏回族自治区建设工程工程量清单招标控制价管理办法》	2014年6月1日
清建工〔2014〕252号	《青海省建设工程造价动态信息发布使用办法》	2014年6月6日

五、标准规范

2014 年我国普遍施行了《建设工程工程量清单计价规范》（GB 50500-2013）与《建筑安装工程费用项目组成》（建标〔2013〕44 号），同时停止执行《建设工程工程量清单计价规范》（GB 50500-2008）。相比 2008 版《建设工程工程量清单计价规范》（GB 50500-2008），新规范存在着五大改变，分别是：增强了与合同的契合度、明确了术语的概念、增强了对风险分担的规范、细化了措施项目费计算的规定、改善了计量计价的可操作性有利于结算纠纷的处理。《建设工程工程量清单计价规范》（2013 版）的出台标志着工程价款管理将迈入全过程精细化管理的新时代。2013 版新规范进一步完善与规范了我国工程造价管理基本标准、管理规范、项目划分、计算规则，明确了费用结构，市场反应良好。

第三节 市场环境

一、市场需求

（一）城镇化及保障房建设带来的机遇

国家出台的"两横三纵"城市化战略格局，形成京津冀、长三角、珠三角三大城市群。在此基础上，在中西部和东北部有条件的地区，逐步发展形成若干城市群，涉及 174 个主要城市，由此带来城镇化建设过程中的城镇基础设施、交通运输网络、城乡多元化住宅（包括商品房、棚户区改造、保障房、公租房、集体建设用地住房等）体系等多个领域建设的需求，为工程造价咨询业务带来巨大发展机遇。

（二）新农村建设带来的机遇

在新农村建设过程中，农村土地综合整治、农村安置房建设、农村社区、城乡基础设施建设、现代化农业项目及农村土地改革等方面建设的推进，为工程造价咨询业务发展带来巨大潜力。

（三）交通运输领域建设带来的机遇

国家规划批准的高速、轨道交通等综合运输枢纽基础设施项目；"71118"高速公路网项目，实现"零距离换乘"的综合客运枢纽项目；国家"四纵四横"高速铁路网，南北通道、东西通道等区际铁路干线项目；国内主要煤炭、原油、铁矿石和集装箱码头建设；重点枢纽机场项目——这些都将成为造价咨询业务服务的重点领域。

（四）"一带一路"发展战略带来的机遇

"一带一路"战略构想，引起了国际社会的高度评价和广泛共鸣。丝绸之路经济带和建设21世纪海上丝绸之路战略的实施，将不断推动区域油气管网、电网、水利、信息基础设施及交通运输网络的建设，为工程造价咨询业务发展带来大量的机会。

（五）国家实施区域化战略带来的机遇

国家陆续推出上海浦东、天津滨海新区等八大国家级新区，横琴、前海经济区，上海自由贸易试验区，新疆喀什、霍尔果斯特殊经济开发区，长江经济带等区域发展战略。以上区域化战略带动产业、城镇基础设施等建设，这将带动相关战略性新兴产业的发展，为工程造价咨询业务带来前所未有的发展机遇。

（六）国家推出七项重大工程包带来的机遇

按照补短板、调结构、加强薄弱环节建设和增加公共产品有效供给的要求，国家积极推进信息电网油气等重大网络、健康养老服务、生态环保、清洁能源、粮食水利、交通、油气及矿产资源保障等七个重大工程包，为工程造价咨询业务发展带来诸多机会。

二、市场规模

（一）企业数量

根据 2014 年度工程造价咨询企业统计报表，2014 年，全国造价咨询企业达到 6931 家，其中，甲级资质企业 2774 家，占比 40.02%，比其上一年增长 11.6%；乙级资质企业 4157 家，占比约 59.98%，比其上一年减少 4.0%。从企业的数量增长可以看出，2014 年仍有一些企业在进入工程造价咨询行业。

（二）营业收入

2014 年的营业收入 1064.19 亿元，比上年增长 6.9%，其中工程造价咨询业务收入 479.25 亿元，占 45.03%；招标代理业务收入 101.41 亿元，占 9.5%；建设工程监理业务 217.42 亿元，占 20.5%；项目管理业务收入 193.68 亿元，占 18.2%；工程咨询业务收入 72.43 亿元，占 6.8%。造价咨询行业通过近几年的发展，已经形成千亿元的市场。

三、业态变化

（一）全过程造价咨询逐步得以推广

自 2014 年 2 月 1 日起实施的《建筑工程施工发包与承包计价管理办法》中明确提出"国家推广工程造价咨询制度，对建筑工程项目实行全过程造价管理"以来，全过程造价咨询业务已被工程造价咨询企业所认识，并在全国各地的工程造价咨询企业中开展，很多工程造价咨询企业"全方位、全过程"地进行着工程造价咨询业务，它们有效地解决了诸如建设过程中业主与承包商之间横向信息不对称、各阶段纵向信息不对称、建设交易费用增加等问题，并充分发挥其社会中介服务职能，逐步扩大咨询服务的社会面，加大了咨询深度。

这种以全过程造价咨询为核心的项目管理，将项目管理的理论与方法应用到全过程造价咨询业务中，将过去那种仅仅着眼于工程造价确定与控制的造价咨询业务，以一种项目的视角提升到全过程造价咨询业务上来。另一方面，工程造价咨询企业可以获得最大的经济收益，提升了工程造价咨询企业的核心竞争力。

全过程造价咨询将业务不断朝价值链的两端延伸，朝前端发展走向前期投资决策，朝后端发展介入工程经济纠纷鉴定与仲裁咨询，全过程造价咨询为工程造价咨询行业带来转型升级的机遇。

（二）执业深度增强和执业范围拓宽

增强执业深度，是提高企业核心竞争力的必然要求，也是提供高附加值服务的关键途径。增强执业深度，需要树立从注重工程计价转向重视项目价值的理念，需要培养和专注企业的经验优势、人才优势，需要更新执业工具。增强执业深度，不是短期行为，需要大量资源的投入和支持，需要长期的坚持，形成自身特色和竞争力。在2013版工程量清单计价规范实施的背景下，在建设工程的实施阶段精耕细作，增强在此阶段的咨询作用和价值创造力。

拓宽执业范围，是紧密结合自身已有业务优势基础上的多元化发展策略，是增加业务收入来源和降低企业经营风险的重要保证。对于熟悉国家发展规划政策，具有经济规划方面人才的企业，向前期决策咨询服务延伸。对于熟悉金融、财务政策，具有注册会计师人员的企业，向项目融资领域延伸。对于人员队伍规模大，具有工程技术方面人员的企业，可以向全过程工程造价咨询领域延伸。对于熟悉民法、商法法律，具有法律专业人员的企业，可以向工程造价经济纠纷鉴定和仲裁咨询领域延伸。对于具有多种资质的企业，可以拓展招标代理、项目管理、工程咨询等方面的业务，形成综合化经营的格局。

（三）基于BIM的工程造价咨询日益受到业主欢迎

随着工程建设行业市场化程度不断提高，工程造价咨询工作已逐渐渗透到工程建设的全过程之中，不再仅仅是算量和计价，已经转变为项目建设全过程中投资控制管理的综合性、关键性工作。一些掌握BIM技术的造价咨询企业，在工程竞标、服务质量等方面脱颖而出，日益获得业主肯定。它们应用BIM技术，在项目决策阶段，快速、准确计算项目各方案的投资额；在项目设计阶段，对项目设计方案提出优选或限额设计的专业咨询意见，协助委托方实现对造价的有效控制；在项目交易阶段，根据设计单位提供的具有丰富数据信息的 BIM 模型，导入 BIM 算量软件生成算量 BIM 模型，自动出具招标工程量清单，快速编制出准确的招标控制价；在项目施工阶段，帮助业主进行精细化管理；在项目竣工阶段，提高项目的结算效率。

（四）市场分散化促使业务定位应当适时调整

中西部地区以及三线、四线城市是未来城镇化建设的主战场。发展中、小城镇有可能造成市场向中小城市、城镇发展，企业原来的业务定位不一定适用。此外，我国城镇发展的内部差异很大，表现在城镇化率的区域差异、大中小差异、文化差异、民族差异明显，这些差异对工程造价咨询企业市场布局和区域化运营能力提出了更高的要求。

第三章

行业标准体系建设

第一节　国家及行业标准体系建设

一、2014 年国家及行业标准体系建设情况

通过建立并实施科学规范的工程造价咨询标准体系，可以实现对工程造价咨询行业的科学管理和标准项目的合理布局，并有利于工程造价从业人员更好地把握我国各项工程造价管理标准的内容以及各项标准之间的联系。住建部标准定额司和中价协等都为国家及行业标准体系建设做出巨大努力。

（一）住建部标准定额司

住建部标准定额司从编好、用好、管好标准做起，全年深化改革，系统梳理了工程造价管理中取得的成效和问题，并且以制度标准建设、市场活动监管、造价公共服务提升为重点，充分发挥了造价管理在规范建筑市场秩序、提高投资效益、保证质量安全上的基础作用。

1. 工程建设标准编制工作继续进行

住建部在做好 2014 年工程建设标准制订修订计划下达、部署的同时，加大了对在编重点标准的指导力度，提高了编制工作效率，加快完成了编制任务，为落实国家政策提供了技术支撑。及时解决了编制工作中遇到的问题，积极组织开展了标准协调工作，进一步提高了标准质量水平。推进了工程建设标准管理体制改革，提高了标准服务经济、服务行业的能力。

2. 对重点课题进行了研究

住建部在中外建设标准管理体制对比研究的基础上，明确了我国建设标准管理体制的改革方向；继续推进了重要建设标准关键技术的研究，为技术应用和标准编制奠定了基础。同时，还开展了工程建设地方标准清理与复审机制、工程建设企业标准化制度、国外标准和技术法规实施监督等课题研究，为进一步做好标准实施指导监督工作奠定了基础。

（二）中国建设工程造价管理协会

中价协积极配合住建部工作，推进了工程造价管理改革及行业标准体系建设，进一步落实并完成了工程造价行业"十二五"规划提出的各项工作任务。

全年深入开展了工程造价领域前瞻性、系统性问题的研究，继续完善了工程造价管理标准体系，积极推进了行业专业基础建设。年内已完成或基本完成了《建设工程造价咨询规范》、《建设工程造价鉴定规范》、《建设项目工程结算编审规范》、《建设项目工程投资概算编审规程》、《工程造价咨询合同（示范文本)》、《建设项目设计概算编审规程》等规范的修订工作，并积极征求了各方的意见。《建设项目全过程造价管理咨询指南》、《工程造价费用构成通则》也在积极地编制和修订当中，预计 2016 年 12 月前完成。

探索建立了标准实施信息反馈机制，畅通标准实施的信息反馈渠道，组织收集分析建设活动各方责任主体、相关监管机构和社会公众对标准实施的意见、建议，并实施分类处理。

二、标准体系建设成效

近年来，住建部、中价协为满足社会发展要求，制定并颁布了一批新标准，使行业标准体系更加丰富和完善。如表 3-1 所列。

行业标准体系建设一览表

表3-1

标　准	编　号	发布时间	实施时间
《建筑工程建筑面积计算规范》	GB/T 50353－2013	2013 年 12 月 19 日	2014 年 7 月 1 日

续表

标　准	编　号	发布时间	实施时间
《工程造价术语标准》	GB/T 50875－2013	2013 年 2 月 7 日	2013 年 9 月 1 日
《建设工程工程量清单计价规范》	GB 50500－2013	2012 年 12 月 25 日	2013 年 7 月 1 日
《房屋建筑与装饰工程工程量计算规范》	GB 50854－2013	2012 年 12 月 25 日	2013 年 7 月 1 日
《建设项目工程竣工决算编制规程》	CECA/GC9－2013	2013 年 3 月 1 日	2013 年 5 月 1 日
《建设工程人工材料设备机械数据标准》	GB/T 50851－2013	2012 年 12 月 25 日	2013 年 5 月 1 日
《建设工程咨询分类标准》	GB/T50852－2013	2012 年 12 月 25 日	2013 年 4 月 1 日
《建设工程造价鉴定规程》	CECA/GC8－2012	2012 年 7 月 19 日	2012 年 12 月 1 日
《建设工程造价咨询成果文件质量标准》	CECA/GC7－2012		2012 年 6 月 1 日
《建设工程招标控制价编审规程》	CECA/GC6－2011	2011 年 6 月 23 日	2011 年 10 月 1 日
《建设项目工程结算编审规程》	CECA/GC3－2010	2010 年 8 月 30 日	2010 年 10 月 1 日
《建设项目施工图预算编审规程》	CECA/GC5－2010	2010 年 2 月 22 日	2010 年 3 月 1 日
《建设项目设计概算编审规程》	CECA/GC2－2007	2007 年 2 月 8 日	2007 年 4 月 1 日
《建设项目投资估算编审规程》	CECA/GC1－2007	2007 年 2 月 8 日	2007 年 4 月 1 日

同时对不符合发展要求的标准予以废除，如表 3-2 所列。

2011～2014年废除的标准　　　　　　　　　　　　　　表3-2

标　准	编　号	实施时间
《建设工程工程量清单计价规范》	GB 50500－2008	2008 年 12 月 1 日
《房屋建筑与装饰工程工程量计算规范》	GB50500－2008	2008 年 12 月 1 日
《建筑工程建筑面积计算规范》	GB/T 50353－2005	2005 年 7 月 1 日

第二节　地方标准建设

2014 年，在贯彻执行国家标准和行业标准的同时，部分省份还根据本地的现实需求，依据国家相关法律法规及技术标准，发布实施了相关地方标准，如表 3-3 所列。

2014年各地发布实施的标准　　　　　　　　　　　　　　　表3-3

标　准	发布时间	实施时间
安徽省		
《建设工程造价咨询档案立卷标准》	2013年10月23日	2014年1月1日
广西壮族自治区		
《广西壮族自治区建设工程造价软件数据交换标准》	2013年12月23日	2014年1月1日
辽宁省		
《辽宁省建设工程造价信息工作规程》	2013年12月30日	2014年1月1日
广东省		
《建设工程招标投标造价数据标准》	2014年4月1日	2014年9月1日
浙江省		
《浙江省建设工程计价成果文件数据标准》	2014年5月19日	2014年8月1日
海南省		
《海南省建设工程造价电子数据标准》	2014年6月6日	2014年7月1日
湖北省		
《湖北省建设工程造价应用软件数据交换规范》（补充修正稿）	2014年7月17日	2014年7月17日

安徽省为规范全省工程造价咨询成果文件及归档工作，全面提高全省工程造价咨询成果质量，提升对工程造价咨询成果的监管水平，发布实施了《建设工程造价咨询档案立卷标准》；辽宁省为做好工程造价信息工作，规范本省的建设工程造价信息工作行为，制定了《辽宁省建设工程造价信息工作规程》，为国有资金投资、以国有资金为主的建设工程以及其他建设工程编制招标控制价、投标报价、签订合同、工程结算等计价行为提供指导；广东省为在建设工程招投标交易活动中实现工程造价数据的标准化及其数据资源的有效积累与运用，依据国家相关法律法规及技术标准，制定了《建设工程招标投标造价数据标准》；浙江省为规范本省建设工程计价成果文件的数据输出格式，统一数据交换规则，实现数据共享，结合当地实际，制定了《浙江省建设工程计价成果文件数据标准》；海南

省为克服不同的工程计价软件采用不同的数据加密方式以及数据异构造成共享造价成果数据的困难，使各建设、施工、工程造价咨询和招标代理单位之间能够进行有效的数据交换，促进当地建设工程造价数据资源的科学积累和有效利用，制定了《海南省建设工程造价电子数据标准》。

第四章

行业结构分析

第一节 企业结构分析

一、2014 年企业结构情况分析

2014 年，通过《工程造价咨询统计报表制度系统》上报数据的工程造价咨询企业共计 6931 家。各类统计科目结果汇总如下：

6931 家造价咨询企业中，甲级资质企业 2774 家，占比 40.02%；乙级资质企业 4157 家，占比 59.98%。分布情况：各地区共计 6693 家，各行业共计 238 家。同时，6931 家造价咨询企业中有 2170 家专营工程造价咨询企业，占比 31.31%；兼营工程造价咨询业务且具有其他资质的企业有 4761 家，占比 68.69%。

2014 年末，我国工程造价咨询企业按资质分类和企业登记注册类型分类汇总统计信息如表 4-1 和表 4-2 所示。

2014年工程造价咨询企业按资质汇总统计信息表（家）　　表4-1

序 号	省 份	造价咨询企业数量			专营工程造价咨询企业的数量	具有多种资质的造价咨询企业数量
		小 计	甲 级	乙 级		
0	合计	6931	2774	4157	2170	4761
1	北京	273	201	72	79	194
2	天津	44	27	17	5	39
3	河北	355	93	262	116	239
4	山西	236	51	185	145	91

续表

序 号	省 份	造价咨询企业数量			专营工程造价咨询企业的数量	具有多种资质的造价咨询企业数量
		小 计	甲 级	乙 级		
5	内蒙古	232	66	166	150	82
6	辽宁	253	76	177	161	92
7	吉林	127	38	89	36	91
8	黑龙江	167	47	120	114	53
9	上海	148	107	41	17	131
10	江苏	576	265	311	57	519
11	浙江	384	224	160	28	356
12	安徽	326	73	253	101	225
13	福建	126	72	54	8	118
14	江西	140	38	102	57	83
15	山东	582	164	418	133	449
16	河南	306	67	239	164	142
17	湖北	326	123	203	182	144
18	湖南	267	83	184	92	175
19	广东	345	171	174	63	282
20	广西	108	34	74	15	93
21	海南	30	15	15	11	19
22	重庆	203	97	106	97	106
23	四川	381	176	205	81	300
24	贵州	92	26	66	5	87
25	云南	134	51	83	99	35
26	陕西	160	76	84	6	154
27	甘肃	130	12	118	35	95
28	青海	42	4	38	13	29
29	宁夏	47	14	33	13	34
30	新疆	153	45	108	55	98
31	行业归口	238	238	0	32	206

2014年工程造价咨询企业按企业登记注册类型汇总统计信息表（家）　　表4-2

序号	省　份	企业数量	国有独资公司及国有控股公司	有限责任公司	合伙企业	合资经营和合作经营企业	其他企业
0	合计	6931	157	6655	82	11	26
1	北京	273	2	267	1	2	1
2	天津	44	2	42	0	0	0
3	河北	355	2	347	6	0	0
4	山西	236	0	236	0	0	0
5	内蒙古	232	1	225	4	1	1
6	辽宁	253	8	243	2	0	0
7	吉林	127	3	123	1	0	0
8	黑龙江	167	2	164	1	0	0
9	上海	148	0	145	2	0	1
10	江苏	576	14	552	10	0	0
11	浙江	384	6	370	7	0	1
12	安徽	326	5	308	10	3	0
13	福建	126	1	125	0	0	0
14	江西	140	3	132	5	0	0
15	山东	582	4	572	6	0	0
16	河南	306	3	300	2	1	0
17	湖北	326	5	319	2	0	0
18	湖南	267	6	252	9	0	0
19	广东	345	5	337	2	0	1
20	广西	108	4	103	0	1	0
21	海南	30	0	29	1	0	0
22	重庆	203	2	199	2	0	0
23	四川	381	2	376	2	1	0
24	贵州	92	2	90	0	0	0
25	云南	134	0	127	0	0	7
26	陕西	160	3	157	0	0	0
27	甘肃	130	6	118	5	0	1
28	青海	42	5	36	1	0	0
29	宁夏	47	0	47	0	0	0
30	新疆	153	5	148	0	0	0
31	行业归口	238	56	166	1	2	13

其中，2014 年各地区工程造价咨询企业按资质汇总统计数据柱状图如图 4-1 所示。

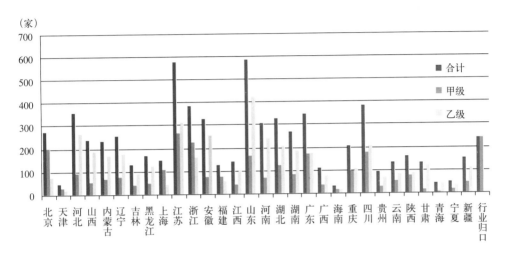

图4-1　2014年各地区工程造价咨询企业按资质分类数量

建筑行业的快速发展带动了工程造价咨询业的不断发展，工程造价咨询企业的数量规模是影响工程造价行业发展的重要因素。通过以上数据及图示信息可知：

（1）2014 年，我国工程造价咨询行业企业总体规模庞大，甲级资质企业占全部企业的比例高达 40%，同时专营造价咨询企业占全部企业的比例高达 30%，行业整体及同质化竞争越来越激烈。

（2）2014 年，我国拥有造价咨询企业数量最高的 3 个地区分别是山东、江苏和浙江，而甲级资质企业数量排名在前 3 位的是江苏、浙江和北京，乙级资质企业数量排名在前 3 位的为山东、江苏和河北，专营工程造价咨询企业数量排名前 3 位的地区是湖北、河南和辽宁。其中，虽然山东省总体企业数量最高，达582 家，但其甲级资质企业数量偏少，大部分企业资质为乙级，且专营企业数量排名也相对靠后，该地区整体水平有待进一步提升。另外，根据企业登记注册类型汇总统计的数据显示，2014 年所有统计地区的造价咨询企业注册登记类型绝大部分是有限责任公司，其次为国有独资及国有控股公司和合伙企业的形式，其中有限责任公司数量排前 3 位的地区为山东、江苏和四川，而江苏地区的国有独资及国有控股公司数量最高，达 14 家。

二、2012 ～ 2014 年度企业结构总体情况概述

（一）企业资质总体情况

2012 ～ 2014 年，全国造价咨询企业分别为 6630 家、6794 家、6931 家，分别比其上一年增长 2.1%、2.5%、2.0%。其中，甲级资质企业分别为 2235 家、2485 家、2774 家，占比约 33.71%、36.58%、40.02%，分别比其上一年增长 9.3%、11.2%、11.6%；乙级资质企业分别为 4395 家、4309 家、4157 家，占比约 66.29%、63.42%、59.98%，分别比其上一年减少 1.2%、2.0%、4.0%。

（二）企业专营与兼营总体情况

2012 ～ 2014 年，专营工程造价咨询企业分别为 2273 家、2131 家、2170 家，分别占全部造价咨询企业的 34.28%、31.37%、31.31%；兼营工程造价咨询业务且具有其他资质的企业分别为 4357 家、4663 家、4761 家，所占比例分别为 65.72%、68.63%、68.69%。

三、2012 ～ 2014 年度企业结构分类统计情况对比分析

（一）2012 ～ 2014 年度企业结构总体分类统计信息

（1）全国工程造价咨询企业按资质分类统计见表 4-3 所列。

工程造价咨询企业按资质分类统计表（家）　　　　　　表4-3

序号	年份	造价咨询企业数量			专营工程造价咨询企业的数量	兼营工程造价咨询企业的数量
		合计	甲级	乙级		
1	2012 年	6630	2235	4395	2273	4357
2	2013 年	6794	2485	4309	2131	4663
3	2014 年	6931	2774	4157	2170	4761

（2）全国工程造价咨询企业按企业登记注册类型分类统计见表4-4所列。

工程造价咨询企业按企业登记注册类型分类统计表（家）　　　表4-4

序　号	年　份	企业数量	国有独资公司及国有控股公司	有限责任公司	合伙企业	合资经营和合作经营企业	其他企业
1	2012 年	6630	174	6184	87	1	184
2	2013 年	6794	138	6372	88	3	193
3	2014 年	6931	157	6655	82	11	26

其中，2012～2014年全国工程造价咨询企业不同分类统计变化如图4-2和图4-3所示。

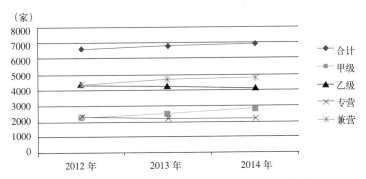

图4-2　工程造价咨询企业按资质分类数量变化图

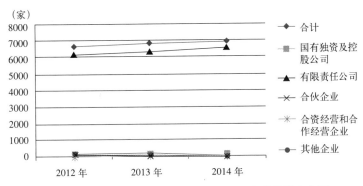

图4-3　工程造价咨询企业按企业登记注册类型数量变化图

通过以上列表及图示信息可知：

（1）2012～2014年我国造价咨询企业总数呈上升趋势，但每年增长的速度不同，2013年比2012年增加164家，增长2.5%，2014年又比2013年增加137家，增长2.0%，相对减缓的增长趋势表明我国工程造价行业在经历了一个高峰之后，市场逐渐趋于理性状态。其中，甲级工程造价咨询企业数量较乙级造价咨询企业少，整体数量呈逐年增长趋势，但增长速度逐渐放缓，2012～2014年甲级造价咨询企业分别比其上一年增长9.3%、11.2%、11.6%，同时，乙级造价咨询企业的数量均呈现小幅降低趋势。

（2）从企业专营和兼营情况来看，2012～2014年我国专营工程造价咨询企业分别占全部造价咨询企业的34.28%、31.37%、31.31%，呈现小幅下降趋势，而兼营工程造价咨询业务的企业则对应出现上升趋势，专营企业的数量仅为总体企业数量的1/3。近几年，我国造价咨询行业虽然得到较大的发展，但该行业市场的独立性仍然不足，相关管理制度、行业规范仍需不断改革和完善。大多数造价咨询公司把主要精力放在如何承接造价咨询业务上，而非企业的战略发展问题上。

（3）从企业工商登记注册类型来看，经过多年的制度改革和市场化的发展，国有独资公司及国有控股公司占全部企业数量的比例较少，多为市场投资主体，主要是各出资人以出资额为限对公司承担责任的有限责任公司，其次是在英、美等国以及我国香港地区的工程造价咨询行业较为典型的合伙企业形式。

（二）2012～2014年度企业结构分地区分类统计信息

（1）不同区域工程造价咨询企业数量统计见表4-5所列。

2012~2014年工程造价咨询企业数量区域分布统计（家）　　　表4-5

地区 \ 年份	2012年	2013年	2014年
华北地区	1101	1113	1140
东北地区	520	529	547
华东地区	2185	2284	2282
华中地区	922	897	899
华南地区	460	474	483
西南地区	724	797	810
西北地区	443	451	532

（2）各地区工程造价咨询企业按资质分类统计见表4-6所列。

2012～2014年各地区工程造价咨询企业按资质分类统计表（家） 表4-6

序号	省份	2012年		2013年				2014年			
		合计	甲级	合计	增长(%)	甲级	增长(%)	合计	增长(%)	甲级	增长(%)
0	合计	6630	2235	6794	2.47	2485	11.19	6931	2.02	2774	11.63
1	北京	283	182	263	−7.07	181	−0.55	273	3.80	201	11.05
2	天津	39	26	60	53.85	30	15.38	44	−26.67	27	−10.00
3	河北	348	67	345	−0.86	78	16.42	355	2.90	93	19.23
4	山西	228	41	231	1.32	45	9.76	236	2.16	51	13.33
5	内蒙古	203	47	214	5.42	59	25.53	232	8.41	66	11.86
6	辽宁	250	63	251	0.40	65	3.17	253	0.80	76	16.92
7	吉林	110	31	114	3.64	34	9.68	127	11.40	38	11.76
8	黑龙江	160	44	164	2.50	46	4.55	167	1.83	47	2.17
9	上海	140	99	134	−4.29	104	5.05	148	10.45	107	2.88
10	江苏	537	200	551	2.61	227	13.50	576	4.54	265	16.74
11	浙江	371	168	380	2.43	205	22.02	384	1.05	224	9.27
12	安徽	311	35	315	1.29	49	40.00	326	3.49	73	48.98
13	福建	111	61	122	9.91	66	8.20	126	3.28	72	9.09
14	江西	141	25	143	1.42	30	20.00	140	−2.10	38	26.67
15	山东	574	148	642	11.85	178	20.27	582	−9.35	164	−7.87
16	河南	329	42	307	−6.69	50	19.05	306	−0.33	67	34.00
17	湖北	330	92	327	−0.91	110	19.57	326	−0.31	123	11.82
18	湖南	263	54	263	0.00	67	24.07	267	1.52	83	23.88
19	广东	323	141	334	3.41	155	9.93	345	3.29	171	10.32
20	广西	108	27	110	1.85	30	11.11	108	−1.82	34	13.33
21	海南	29	12	30	3.45	13	8.33	30	0.00	15	15.38
22	重庆	166	82	183	10.24	91	10.98	203	10.93	97	6.59
23	四川	332	128	360	8.43	144	12.50	381	5.83	176	22.22
24	贵州	70	14	82	17.14	17	21.43	92	12.20	26	52.94
25	云南	121	40	133	9.92	41	2.50	134	0.75	51	24.39
26	西藏	2	2	2	0.00	2	0.00	——	——	——	——
27	陕西	151	55	152	0.66	66	20.00	160	5.26	76	15.15

续表

序号	省份	2012 年		2013 年				2014 年			
		合计	甲级	合计	增长(%)	甲级	增长(%)	合计	增长(%)	甲级	增长(%)
28	甘肃	114	10	118	3.51	10	0.00	130	10.17	12	20.00
29	青海	33	3	37	12.12	3	0.00	42	13.51	4	33.33
30	宁夏	41	9	43	4.88	10	11.11	47	9.30	14	40.00
31	新疆	137	30	138	0.73	33	10.00	153	10.87	45	36.36
32	行业归口	275	257	246	−10.55	246	−4.28	238	−3.25	238	−3.25

其中，2012～2014 年，我国不同区域及地区工程造价咨询企业数量变化如图 4-4 和图 4-5 所示。

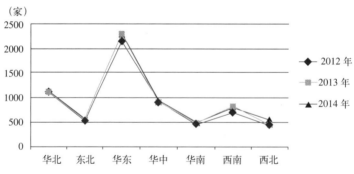

图4-4　不同区域工程造价咨询企业数量变化

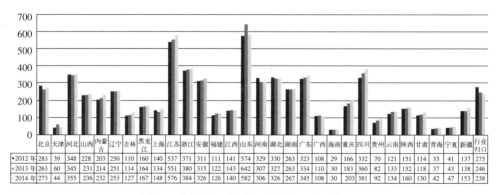

图4-5　各地区工程造价咨询企业数量变化

工程造价咨询企业数量在区域上的分布情况反映了该区域工程造价行业的发展状况。由以上列表及图示信息可以看出，华东地区工程造价咨询企业数量最多，华北地区次之，西北地区工程造价咨询企业数量最少，这种分布情况与各地区的经济结构发展状况有着密切的关系，从而直接影响造价咨询行业的发展。2012～2014年，有些地区（如华中地区）工程造价企业数量有所减少，企业数量减少是该地区工程造价咨询行业市场化和逐步成熟的表现。随着行业的发展，一些企业被其他公司兼并或者被市场淘汰。从各省具体情况来看，造价咨询企业数量呈上升态势的地区有23个，其中增加最快的三个地区是贵州、青海和重庆，增幅分别为31.43%、27.27%和22.29%，各地区竞争愈发激烈；企业数量呈下降态势的有河南、湖北两个地区及行业归口管理部门，下降的结果是行业竞争趋于缓和；而另外有广西、海南、江西等7个地区保持基本持平的状态。同时，2012～2014年，安徽、贵州、宁夏等地拥有甲级工程造价咨询企业的数量有较大幅度的增长，地区同质化竞争激烈程度提高，有利于促进行业整体市场的发展。

第二节　从业人员结构分析

一、2014年从业人员构成情况分析

2014年，通过《工程造价咨询统计报表制度系统》上报的6931家工程造价咨询企业中，共有从业人员412591人。其中，正式聘用员工379154人，占比91.9%，临时聘用人员33437人，占比8.1%；注册造价工程师68959人，占比16.71%，造价员104151人，占比25.24%；专业技术人员286928人，占比69.54%（其中，高级职称人员62745人，中级职称人员146837人，初级职称人员77346人，各级别职称人员占专业技术人员比例分别为21.87%、51.18%、26.95%）。

工程造价咨询行业企业从业人员、专业技术人员及注册登记类型的数量及分布直接影响该行业业务服务的质量和效率。2014年，我国工程造价咨询企业412591位从业人员中，超过90%的属于企业正式聘用员工，只有很少一部分属于企业临时聘用员工，说明各造价咨询企业已经越来越重视对本企业从业人员的

多方面保障，从而保证业务开展的专业性及服务质量；从业人员中注册造价工程师、造价员和专业技术人员约为1:1.5:4，专业技术人员中高级、中级和初级职称人员约为1:2.3:1.2，这样的比例又说明了我国造价咨询行业在当前资格认证管理制度下行业高端从业人员偏少。此外，据不完全统计，截止到2014年6月底，我国造价工程师与造价员在造价咨询企业、建筑企业及其他单位的从业分布情况的调查统计如表4-7所列。

造价工程师与造价员从业单位分布情况　　　　　　　　　表4-7

序　号	类　别	从业单位		
		造价咨询企业	建筑企业	其他单位
1	造价工程师	49.90%	43.35%	6.55%
2	造价员	14.18%	69.55%	16.27%

通过表4-7可以看出，在工程造价咨询企业和建筑企业分布的造价工程师数量相对均衡，而只有不到15%的造价员在造价咨询企业工作，超过50%的造价员分布在建筑企业从事算量计价工作，一定程度上说明了建筑单位对工程造价人员的专业要求较低，从事基础性工作较多，而造价咨询企业对专业人员要求较高，在工程全过程全阶段都需要造价人员参与，所以，在未来工程造价专业人才发展计划中，有必要改善造价工程师与造价员在各从业单位的人员配置情况。

2014年末，我国各地区工程造价咨询企业中从业人员具体情况如表4-8所列。

由表4-8可以看出，2014年，我国各地区工程造价咨询企业从业人员总体分布不均，四川、江苏、广东等地的企业拥有造价人员总数排名靠前。就专业技术人员数量而言，上海、山东、安徽等地的企业拥有的专业技术人员总数排名靠前，而具体到高级、中级和初级职称人员的数量则分别有所变化，四川、江苏、北京等地企业的专业技术人员中含有高级职称人员总数排在前3位，四川、江苏、山东等地企业的专业技术人员中含有中级职称人员总数排在前3位。就期末注册（登记）执业（从业）人员数量而言，江苏、山东和浙江等地的企业中造价工程师总数以及四川、江苏和浙江等地的企业中造价员总数分别排在前3位。

表4-8

2014年各地区工程造价咨询企业从业人员分类统计表（人）

序号	省份	期末从业人员			期末专业技术人员				期末注册（登记）执业（从业）人员		
		合计	正式聘用人员	临时工作人员	合计	高级职称人员	中级职称人员	初级职称人员	注册造价工程师	造价员	期末其他专业注册执业人员
0	合计	412591	379154	33437	286928	62745	146837	77346	68959	104151	71244
1	北京	21792	20496	1296	12772	3028	6495	3249	4167	6614	2187
2	天津	3643	3153	490	2679	654	1135	890	524	1053	463
3	河北	12485	11319	1166	8755	1787	5279	1689	2997	3931	1395
4	山西	7176	6216	960	4833	762	3186	885	1950	2745	331
5	内蒙古	5504	4691	813	4048	935	2462	651	1781	2285	339
6	辽宁	6477	6255	222	4917	1134	2778	1005	2047	3143	290
7	吉林	4939	4620	319	3900	1102	1840	958	982	1670	511
8	黑龙江	4577	4221	356	3514	1096	1868	550	1249	1681	252
9	上海	17220	14208	3012	11729	2332	5460	3937	2597	2074	2448
10	江苏	30750	28974	1776	22070	3746	11764	6560	6354	9002	4732
11	浙江	24896	23602	1294	17044	2470	8721	5853	4239	7828	2701
12	安徽	15164	12700	2464	10434	2082	5531	2821	2737	3985	14659
13	福建	11956	11325	631	8702	1343	4301	3058	1637	2011	2714
14	江西	3880	3506	374	2673	531	1626	516	1078	1612	359
15	山东	23710	20933	2777	17186	3007	9029	5150	5181	6836	2332
16	河南	12236	11423	813	8650	1204	4855	2591	2578	3462	1584
17	湖北	9441	8726	715	6493	1297	3997	1199	2872	3870	625

序号	省份	期末从业人员			期末专业技术人员					期末注册（登记）执业（从业）人员			
		合计	正式聘用人员	临时工作人员	合计	高级职称人员	中级职称人员	初级职称人员	注册造价工程师	造价员	期末其他专业注册执业人员
18	湖南	9511	8489	1022	6217	1105	3985	1127	2332	2893	1246
19	广东	25181	24569	612	16118	2656	7793	5669	3945	5790	2625
20	广西	6534	6171	363	4309	816	2258	1235	984	1541	1008
21	海南	1231	1204	27	839	146	420	273	279	502	107
22	重庆	10443	9417	1026	6607	1280	3791	1536	2141	3569	970
23	四川	32185	30720	1465	20693	4040	11921	4732	3870	9574	6373
24	贵州	5261	5042	219	3443	653	1989	801	884	705	982
25	云南	5093	4651	442	3171	641	1822	708	1137	3419	4772
26	陕西	10278	8753	1525	7635	1616	4142	1877	1530	2821	1449
27	甘肃	7553	6616	937	5054	923	2731	1400	970	1277	1466
28	青海	1020	867	153	764	189	329	246	238	582	72
29	宁夏	2334	2048	286	1407	305	615	487	438	863	198
30	新疆	4699	4363	336	3107	635	1774	698	1261	1533	450
31	行业归口	75422	69876	5546	57165	19230	22940	14995	3980	5280	11604

二、2012～2014 年度从业人员构成总体情况概述

(一) 从业人员总体情况

2012～2014 年末，工程造价咨询企业从业人员分别为 290595 人、334543 人、412591 人，分别比其上一年增长 22.6%、15.1%、23.3%。其中，正式聘用员工分别为 261998 人、303716 人、379154 人，分别占年末从业人员总数的 90.16%、90.79%、91.90%；临时聘用人员分别为 28597 人、30827 人、33437 人，分别占年末从业人员总数的 7.94%、9.84%、8.10%。

(二) 注册造价工程师总体情况

2012～2014 年末，工程造价咨询企业中，拥有的注册造价工程师分别为 62002 人、65635 人、68959 人，占年末从业人员总数的 21.34%、19.62%、16.71%，分别比其上一年增长 5.25%、5.86%、5.06%；造价员分别为 85291 人、94473 人、104151 人，占年末从业人员总数的 29.35%、28.24%、25.24%，分别比其上一年增长 7.90%、10.77%、10.24%。

(三) 专业技术人员总体情况

2012～2014 年末，工程造价咨询企业共有专业技术人员分别为 219014 人、233592 人、286928 人，占年末从业人员总数的 75.37%、69.82%、69.54%，分别比其上一年增长 6.36%、6.66%、22.83%。

三、2012～2014 年度从业人员构成统计情况对比分析

(一) 2012～2014 年度从业人员总体统计信息

工程造价咨询企业从业人员情况如表 4-9 所列。

工程造价咨询企业从业人员情况（人） 表4-9

序号	年份	期末从业人员		
		合计	正式聘用人员	临时工作人员
1	2012 年	290595	261998	28597
2	2013 年	334543	303716	30827
3	2014 年	412591	379154	33437

注册（登记）执业（从业）人员情况如表 4-10 所列。

注册（登记）执业（从业）人员情况（人） 表4-10

序 号	年 份	期末注册（登记）执业（从业）人员		
		注册造价工程师	造价员	期末其他专业注册执业人员
1	2012 年	62002	85291	39737
2	2013 年	65635	94473	46049
3	2014 年	68959	104151	71244

专业技术人员情况如表 4-11 所列。

专业技术人员职称情况（人） 表4-11

序 号	年 份	期末专业技术人员			
		合计	高级职称人员	中级职称人员	初级职称人员
1	2012 年	219014	46927	116490	55597
2	2013 年	233592	49111	124219	60262
3	2014 年	286928	62745	146837	77346

其中，2012～2014 年工程造价咨询企业从业人员数量统计变化如图 4-6～图 4-8 所示。

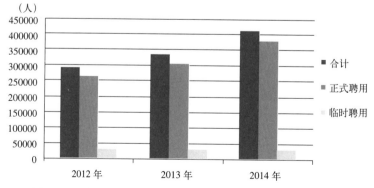

图4-6 工程造价咨询企业从业人员聘用情况数量统计变化

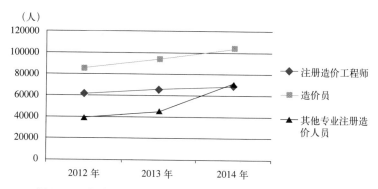

图4-7　工程造价咨询企业从业人员注册情况数量统计变化

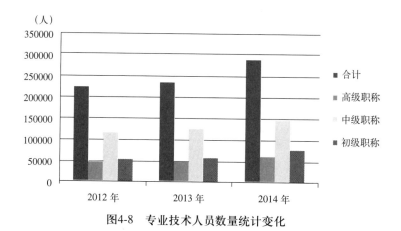

图4-8　专业技术人员数量统计变化

　　通过以上列表及图示信息可知，我国造价咨询企业从业人员总数及注册执业人员总数较大，且均呈现出逐年上升的趋势。相比造价员及其他专业注册执业人员而言，注册造价师占工程造价咨询企业从业人员的比例较少，2012～2014年末分别占年末从业人员总数的21.34%、19.62%、16.71%，比例的逐年下降也表明现阶段工程造价咨询企业新进入该行业从事基础工作的从业人员较多，在一定程度上说明了造价咨询行业的规模在不断地扩张，但高端人才的比例偏低，即高端人才紧缺，因此，有必要进一步培养该行业高端人才以达到提高该行业从业人员的整体素养和能力。此外，从近3年各类专业技术人员数量变化情况来看，高级、中级、初级职称人员占比均呈现稳定增长趋势，工程造价咨询行业发展迅速。

（二）2012～2014年度从业人员分地区统计信息

各地区从业人员情况如表4-12所列。

各地区期末从业人员情况（人）　　　　　　　　表4-12

序号	省份	2012年		2013年				2014年			
		合计	其中正式聘用人员	合计	增长(%)	其中正式聘用人员	增长(%)	合计	增长(%)	其中正式聘用人员	增长(%)
0	合计	290595	261998	334543	15.12	303716	15.92	412591	23.33	379154	24.84
1	北京	14751	14095	16409	11.24	15440	9.54	21792	32.81	20496	32.75
2	天津	3416	2649	4752	39.11	3643	37.52	3643	−23.34	3153	−13.45
3	河北	10530	9486	10929	3.79	9872	4.07	12485	14.24	11319	14.66
4	山西	5800	5082	6565	13.19	5744	13.03	7176	9.31	6216	8.22
5	内蒙古	4407	3818	4740	7.56	4187	9.66	5504	16.12	4691	12.04
6	辽宁	5715	5419	5982	4.67	5736	5.85	6477	8.27	6255	9.05
7	吉林	4461	3792	4566	2.35	4067	7.25	4939	8.17	4620	13.60
8	黑龙江	4146	3556	3680	−11.24	3246	−8.72	4577	24.38	4221	30.04
9	上海	16671	13572	15018	−9.92	11809	−12.99	17220	14.66	14208	20.32
10	江苏	18680	17609	22119	18.41	20724	17.69	30750	39.02	28974	39.81
11	浙江	19377	18304	21793	12.47	20594	12.51	24896	14.24	23602	14.61
12	安徽	14348	11856	13774	−4.00	11321	−4.51	15164	10.09	12700	12.18
13	福建	7918	7546	9636	21.70	9022	19.56	11956	24.08	11325	25.53
14	江西	3104	2805	3431	10.53	3044	8.52	3880	13.09	3506	15.18
15	山东	20154	18108	25398	26.02	22360	23.48	23710	−6.65	20933	−6.38
16	河南	10722	9452	10922	1.87	10217	8.09	12236	12.03	11423	11.80
17	湖北	7813	7224	9854	26.12	8873	22.83	9441	−4.19	8726	−1.66
18	湖南	7424	6800	7928	6.79	7273	6.96	9511	19.97	8489	16.72
19	广东	16636	16204	17519	5.31	17075	5.38	25181	43.74	24569	43.89
20	广西	6145	5771	6315	2.77	6090	5.53	6534	3.47	6171	1.33
21	海南	1175	1124	1266	7.74	1231	9.52	1231	−2.76	1204	−2.19
22	重庆	8271	7678	9470	14.50	9062	18.03	10443	10.27	9417	3.92
23	四川	14807	13689	22599	52.62	20838	52.22	32185	42.42	30720	47.42
24	贵州	4060	3716	4944	21.77	4575	23.12	5261	6.41	5042	10.21
25	云南	4138	3742	4342	4.93	3907	4.41	5093	17.30	4651	19.04
26	西藏	80	77	82	2.50	78	1.30	—	—	—	—

续表

序号	省份	2012 年		2013 年				2014 年			
		合计	其中正式聘用人员	合计	增长(%)	其中正式聘用人员	增长(%)	合计	增长(%)	其中正式聘用人员	增长(%)
27	陕西	8182	7195	9618	17.55	8370	16.33	10278	6.86	8753	4.58
28	甘肃	4497	4126	5278	17.37	4817	16.75	7553	43.10	6616	37.35
29	青海	786	726	899	14.38	803	10.61	1020	13.46	867	7.97
30	宁夏	1481	1340	1852	25.05	1576	17.61	2334	26.03	2048	29.95
31	新疆	4399	3968	4130	−6.12	3758	−5.29	4699	13.78	4363	16.10
32	行业归口	36501	31469	48733	33.51	44364	40.98	75422	54.77	69876	57.51

各地区注册（登记）执业（从业）人员情况如表 4-13 所列。

各地区期末注册（登记）执业（从业）人员情况（人）　　　　表4-13

序号	省份	2012 年		2013 年				2014 年			
		注册造价工程师	造价员	注册造价工程师	增长(%)	造价员	增长(%)	注册造价工程师	增长(%)	造价员	增长(%)
0	合计	62002	85291	65635	5.54	94473	9.72	68959	5.06	104151	10.24
1	北京	3711	5576	3787	2.01	6063	8.03	4167	10.03	6614	9.09
2	天津	496	923	668	25.75	1205	23.40	524	−21.56	1053	−12.61
3	河北	2741	3395	2833	3.25	3426	0.90	2997	5.79	3931	14.74
4	山西	1749	2373	1855	5.71	2677	11.36	1950	5.12	2745	2.54
5	内蒙古	1540	1888	1658	7.12	2013	6.21	1781	7.42	2285	13.51
6	辽宁	1919	2659	1963	2.24	2871	7.38	2047	4.28	3143	9.47
7	吉林	833	1430	880	5.34	1438	0.56	982	11.59	1670	16.13
8	黑龙江	1176	1702	1215	3.21	1709	0.41	1249	2.80	1681	−1.64
9	上海	2423	1755	2404	−0.79	1799	2.45	2597	8.03	2074	15.29
10	江苏	5668	6881	5954	4.80	7557	8.95	6354	6.72	9002	19.12
11	浙江	3850	6528	4113	6.39	7302	10.60	4239	3.06	7828	7.20
12	安徽	2384	3166	2431	1.93	3829	17.32	2737	12.59	3985	4.07
13	福建	1370	1442	1498	8.54	1749	17.55	1637	9.28	2011	14.98
14	江西	974	1322	1023	4.79	1398	5.44	1078	5.38	1612	15.31
15	山东	4872	6162	5589	12.83	7167	14.02	5181	−7.30	6836	−4.62

续表

序号	省份	2012 年		2013 年				2014 年			
		注册造价工程师	造价员	注册造价工程师	增长(%)	造价员	增长(%)	注册造价工程师	增长(%)	造价员	增长(%)
16	河南	2522	3129	2507	−0.60	3301	5.21	2578	2.83	3462	4.88
17	湖北	2617	3163	2752	4.91	3493	9.45	2872	4.36	3870	10.79
18	湖南	2176	2284	2224	2.16	2529	9.69	2332	4.86	2893	14.39
19	广东	3415	4352	3680	7.20	5121	15.02	3945	7.20	5790	13.06
20	广西	929	1297	982	5.40	1344	3.50	984	0.20	1541	14.66
21	海南	270	408	285	5.26	492	17.07	279	−2.11	502	2.03
22	重庆	1592	2445	1869	14.82	3117	21.56	2141	14.55	3569	14.50
23	四川	3069	7016	3500	12.31	8050	12.84	3870	10.57	9574	18.93
24	贵州	640	531	766	16.45	607	12.52	884	15.40	705	16.14
25	云南	1092	2773	1197	8.77	3020	8.18	1137	−5.01	3419	13.21
26	西藏	20	27	20	0.00	19	−42.11	—	—	—	—
27	陕西	1311	2201	1417	7.48	2591	15.05	1530	7.97	2821	8.88
28	甘肃	796	1124	859	7.33	1145	1.83	970	12.92	1277	11.53
29	青海	171	487	207	17.39	477	−2.10	238	14.98	582	22.01
30	宁夏	356	640	390	8.72	764	16.23	438	12.31	863	12.96
31	新疆	1071	1266	1122	4.55	1352	6.36	1261	12.39	1533	13.39
32	行业归口	4249	4946	3987	−6.57	4848	−2.02	3980	−0.18	5280	8.91

各地区注册造价工程师数量统计变化如图 4-9 所示。

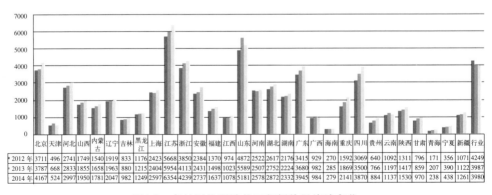

图4-9　各地区注册造价工程师数量统计变化

以上信息可以看出，我国工程造价行业的发展具有明显区域不平衡的特点，工程造价咨询行业的执业及专业人员更愿意在经济状况良好且具有区位优势的地区就业。就各地区从业人员的增长幅度而言，2012～2014年，北京、江苏、河北等地逐年增速稳定，行业从业人员规模越来越大，而天津、山东、湖北及黑龙江、上海、安徽等地增幅波动较大，其中前3个地区在2013年出现较大增长趋势后，2014年却出现下降的趋势，后3个地区在2013年出现下降趋势后，2014年呈现出增长的趋势。

2012～2014年，经济发展迅速的华东、华北区域也是我国工程造价咨询行业发展良好的地区，其中多个地区造价工程师和造价员等从业人员的数量均处在全国领先地位。各地区造价工程师和造价员的变化幅度较为稳定，仅天津、上海、安徽等几个地区有所波动，如2013年天津地区造价工程师和造价员的增长速度分别是25.75%和23.40%，而2014年该地区两项从业人员的增长速度分别是－21.56%和－12.61%，说明该地区2013年造价师和造价员的大幅增长使得当地的市场容量已经饱和。此外，受限于我国各地经济发展状况以及对于工程造价专业人员需求和吸引力的不同，发展较不充足的地区造价工程师和造价员的数量也处于不充足的水平，只能依靠本地院校培养的一些工程造价专业人才，如海南、青海等。

第三节　市场集中度分析

一、2012～2014年度市场总体情况概述

（一）2012～2014年度市场业务收入总体情况

2012～2014年，我国造价咨询企业的营业收入分别为776.24亿元、995.42亿元、1064.19亿元，比其上一年分别增长3.79%、28.24%、6.91%。其中，造价咨询业务收入分别为351.60亿元、419.56亿元、479.25亿元，所占比例分别为45.30%、42.15%、45.03%，比其上一年分别增长15.08%、19.33%、14.23%。

（二）2012 ～ 2014 年度市场财务收入总体情况

据上报资料统计，2012 ～ 2014 年，我国工程造价咨询企业实现的利润总额分别为 72.91 亿元、82.81 亿元、103.88 亿元，其中，2013 年和 2014 年分别比其上一年增长为 13.58% 和 25.45%。

以上数据说明，2012 ～ 2014 年，我国造价咨询行业市场规模逐年增长，行业处于发展阶段。与 2013 年相比，2014 年行业企业营业收入和业务收入增幅均减小，增速收窄，行业竞争加剧。此外，2012 ～ 2014 年我国工程造价咨询企业实现的利润总额虽然均是上升趋势，但 2013 年的增幅仅为 13.58%，说明虽然该阶段各大型造价咨询企业业务量和产值不断增加，但总利润却增长缓慢，也在一定程度上说明了我国造价咨询企业之间竞争激烈，出现了供给过剩的状态。

二、2012 ～ 2014 年度市场集中度计算分析

市场集中度是对某行业市场结构集中程度的测量指标，用以衡量该行业内企业的数目和相对规模的差异，是行业市场势力的重要量化指标。市场绝对集中度（CR_n）是指某行业相关市场内前 N 家企业所占市场份额的总和，一般用这 N 家企业的某一业务指标（如生产、销售或资产等）占该行业该业务总量的百分比来表示。

据统计，2012 ～ 2014 年度我国造价工程咨询行业业务收入排名前百位的企业造价咨询业务收入合计分别为 74.82 亿元、84.71 亿元、100.15 亿元，比其上一年分别增长 12.06%、13.22%、18.23%。同时，根据我国 2012 ～ 2014 年度业务收入前 100 名企业市场份额统计信息（2014 年详细统计信息如表 4-14 所列），可以计算出我国工程造价咨询行业 2012 ～ 2014 年度关于造价咨询业务的市场绝对集中度，如表 4-15 所列。

2014年工程造价咨询企业造价咨询业务收入前100名市场份额排序表　　表4-14

排名	企业名称	资质等级	造价咨询业务收入（万元）	占全国总业务收入比率(%)
1	长沙有色冶金设计研究院有限公司	甲级	32675	0.682
2	上海东方投资监理有限公司	甲级	31824	0.664
3	中煤科工集团北京华宇工程有限公司	甲级	23131	0.483

续表

排名	企业名称	资质等级	造价咨询业务收入（万元）	占全国总业务收入比率(%)
4	中国建设银行股份有限公司广西壮族自治区分行	甲级	21898	0.457
5	天职（北京）国际工程项目管理有限公司	甲级	20319	0.424
6	中国建设银行股份有限公司深圳市分行	甲级	19825	0.414
7	中国市政工程东北设计研究总院有限公司	甲级	19199	0.401
8	信永中和（北京）国际工程管理咨询有限公司	甲级	19101	0.399
9	北京华建联造价工程师事务所	甲级	18401	0.384
10	中竞发（北京）工程造价咨询有限公司	甲级	17499	0.365
11	上海沪港建设咨询有限公司	甲级	17122	0.357
12	北京红日伟业工程造价咨询事务所有限责任公司	甲级	16869	0.352
13	上海第一测量师事务所有限公司	甲级	16312	0.340
14	万邦工程管理咨询有限公司	甲级	15878	0.331
15	北京泛华国金工程咨询有限公司	甲级	15231	0.318
16	中联造价咨询有限公司	甲级	14817	0.309
17	铁道第三勘察设计院集团有限公司	甲级	14634	0.305
18	北京中天恒达工程咨询有限责任公司	甲级	14570	0.304
19	中国建设银行股份有限公司天津市分行	甲级	14386	0.300
20	中国建设银行股份有限公司浙江省分行	甲级	13947	0.291
21	昆明华昆工程造价咨询有限公司	甲级	12862	0.268
22	天健万隆工程咨询有限公司	甲级	12116	0.253
23	中大信（北京）工程造价咨询有限公司	甲级	12104	0.253
24	上海申元工程投资咨询有限公司	甲级	12097	0.252
25	北京中建华投资顾问有限公司	甲级	11849	0.247
26	万隆建设工程咨询集团有限公司	甲级	11774	0.246
27	四川华信工程造价咨询事务所有限责任公司	甲级	10705	0.223
28	北京中瑞岳华工程造价咨询有限公司	甲级	10632	0.222
29	中国建设银行股份有限公司广东省分行	甲级	10623	0.222
30	中国建设银行股份有限公司上海市分行	甲级	10396	0.217
31	上海大华工程造价咨询有限公司	甲级	10025	0.209
32	四川开元工程项目管理咨询有限公司	甲级	9859	0.206
33	中国建设银行股份有限公司辽宁省分行	甲级	9814	0.205
34	北京兴中海建工程造价咨询有限公司	甲级	9649	0.201

续表

排名	企业名称	资质等级	造价咨询业务收入（万元）	占全国总业务收入比率(%)
35	中审华国际工程咨询（北京）有限公司	甲级	9629	0.201
36	上海中世建设咨询有限公司	甲级	9357	0.195
37	中国电力工程顾问集团西南电力设计院	甲级	8973	0.187
38	中国建设银行股份有限公司山东省分行	甲级	8973	0.187
39	北京筑标建设工程咨询有限公司	甲级	8958	0.187
40	北京威宁谢工程咨询有公司	甲级	8853	0.185
41	北京中昌工程咨询有限公司	甲级	8835	0.184
42	中冶赛迪工程技术股份有限公司	甲级	8654	0.181
43	北京思泰工程造价咨询有限公司	甲级	8628	0.180
44	中国石油集团工程设计有限责任公司	甲级	8575	0.179
45	中铁工程设计咨询集团有限公司	甲级	8550	0.178
46	中审世纪工程造价咨询（北京）有限公司	甲级	8462	0.177
47	浙江建经投资咨询有限公司	甲级	8350	0.174
48	北京永拓工程咨询股份有限公司	甲级	8335	0.174
49	中国电力工程顾问集团华东电力设计院	甲级	8295	0.173
50	上海财瑞建设咨询有限公司	甲级	8110	0.169
51	上海上咨工程造价咨询有限公司	甲级	8033	0.168
52	北京恒诚信工程咨询有限公司	甲级	8026	0.167
53	浙江科佳工程咨询有限公司	甲级	7953	0.166
54	中国电力工程顾问集团西北电力设计院	甲级	7920	0.165
55	北京东方华太工程咨询有限公司	甲级	7807	0.163
56	北京天健中宇工程咨询有限公司	甲级	7769	0.162
57	华诚博远（北京）投资顾问有限公司	甲级	7744	0.162
58	成都晨越建设项目管理有限公司	甲级	7677	0.160
59	中国建设银行股份有限公司北京市分行	甲级	7453	0.156
60	银川市鸿利建设工程咨询有限公司	甲级	7325	0.153
61	江苏苏亚金诚工程管理咨询有限公司	甲级	7219	0.151
62	江苏天宏华信工程投资管理咨询有限公司	甲级	7079	0.148
63	华春建设工程项目管理有限责任公司	甲级	6986	0.146
64	中交第四航务工程勘察设计院有限公司	甲级	6953	0.145
65	大庆油田工程有限公司	甲级	6860	0.143

续表

排名	企业名称	资质等级	造价咨询业务收入（万元）	占全国总业务收入比率（%）
66	宁波科信建设工程造价咨询有限公司	甲级	6816	0.142
67	中冶焦耐（大连）工程技术有限公司	甲级	6789	0.142
68	北京建友工程造价咨询有限公司	甲级	6763	0.141
69	希格玛工程造价咨询有限公司	甲级	6748	0.141
70	上海明方复兴工程造价咨询事务所有限公司	甲级	6715	0.140
71	江苏兴光项目管理有限公司	甲级	6714	0.140
72	上海文汇工程咨询有限公司	甲级	6672	0.139
73	北京华审金建工程造价咨询有限公司	甲级	6672	0.139
74	广东华联建设投资管理股份有限公司	甲级	6628	0.138
75	中国国际工程咨询公司	甲级	6585	0.137
76	中国建设银行股份有限公司黑龙江省分行	甲级	6568	0.137
77	中建投咨询有限责任公司	甲级	6480	0.135
78	中铁第一勘察设计院集团有限公司	甲级	6475	0.135
79	江苏正中国际工程咨询有限公司	甲级	6463	0.135
80	四川同兴达诚兴建设工程项目管理有限公司	甲级	6408	0.134
81	中国建设银行有限公司新疆维吾尔自治区分行	甲级	6363	0.133
82	华寅工程造价咨询有限公司	甲级	6331	0.132
83	中冶京诚工程技术有限公司	甲级	6281	0.131
84	中诚工程建设管理（苏州）有限公司	甲级	6236	0.130
85	天津市兴业工程造价咨询有限责任公司	甲级	6236	0.130
86	中国建设银行股份有限公司江苏省分行	甲级	6113	0.128
87	浙江天平投资咨询有限公司	甲级	6095	0.127
88	华审（北京）工程造价咨询有限公司	甲级	6063	0.127
89	北京求实工程管理有限公司	甲级	6016	0.126
90	中国电力工程顾问集团中南电力设计院	甲级	5804	0.121
91	广州建成工程咨询股份有限公司	甲级	5767	0.120
92	柏建筑工程咨询（深圳）有限公司	乙级	5657	0.118
93	中铁二院工程集团有限责任公司	甲级	5635	0.118
94	中国能源建设集团广东电力设计研究院有限公司	乙级	5607	0.117
95	中国建设银行股份有限公司湖北省分行	甲级	5602	0.117
96	上海市政工程造价咨询有限公司	甲级	5595	0.117

续表

排名	企业名称	资质等级	造价咨询业务收入（万元）	占全国总业务收入比率(%)
97	北京文新创展工程造价咨询有限公司	甲级	5560	0.116
98	中国建筑西南设计研究院有限公司	甲级	5528	0.115
99	中正信造价咨询有限公司	甲级	5528	0.115
100	中光华建设工程造价咨询有限公司	甲级	5515	0.115

2012~2014年度工程造价咨询业务市场集中度　　　　表4-15

序号	年份	市场集中度				
		CR_5	CR_{10}	CR_{30}	CR_{50}	CR_{100}
1	2012 年	3.169%	5.165%	10.531%	14.321%	21.282%
2	2013 年	2.993%	4.825%	9.917%	13.499%	20.180%
3	2014 年	2.710%	4.673%	10.283%	14.015%	20.898%

从行业前百名企业市场份额及市场集中度来看，2012 ～ 2014 年度我国工程造价咨询企业关于造价咨询业务的行业市场集中度总体呈现下降的趋势。其中，排名前 5 的企业市场集中度分别为 3.169%、2.993%、2.710%，排名前 10 的企业市场集中度分别为 5.165%、4.825%、4.673%。工程造价咨询行业市场集中度的降低一定程度上说明了虽然我国工程造价咨询行业市场规模逐年增长，但造价咨询业务的市场集中度不高且仍在下降，行业内绝大多数企业规模较小，行业服务分散。另一方面，随着市场化的进一步提高，各企业为了争取更大的市场份额，势必加剧彼此之间的竞争，优胜劣汰的结果将会促进大型咨询企业的发展，从而提高造价咨询业务的市场集中度及业务服务效率。

第五章

行业收入统计分析

第一节　营业收入统计分析

一、营业收入总体变化情况

（一）2012～2014年营业收入区域变化情况

2012～2014年营业收入区域变化情况如表5-1所列。

2012～2014年营业收入区域汇总表（万元）　　　　表5-1

区　域	省　份	2012 年	2013 年	2014 年
东部地区	北京	438373	541004	674336
	天津	86296	120262	123726
	河北	160297	192117	209996
	上海	520815	558304	590773
	江苏	555041	657232	772607
	浙江	406192	509153	578855
	福建	134495	184053	208705
	山东	338121	426647	445600
	广东	361881	516367	583140
	海南	26022	31703	32295
中部地区	山西	91251	122314	130754
	河南	128725	156089	185631
	湖北	142127	217567	200165

续表

区　域	省　份	2012 年	2013 年	2014 年
中部地区	安徽	210823	232380	258914
	湖南	169607	219645	200264
	江西	47994	58538	125259
东北地区	辽宁	114063	138699	144326
	吉林	81223	86845	113264
	黑龙江	68506	73502	75413
西部地区	内蒙古	50745	61063	76252
	广西	92106	93867	132669
	重庆	176695	211283	225954
	四川	393090	599957	647491
	贵州	81085	110755	123868
	云南	73539	109224	134534
	西藏	1026	2180	—
	陕西	135031	158811	200795
	甘肃	56542	71742	99952
	青海	22012	28611	33441
	宁夏	29799	39789	48258
	新疆	71791	90745	104737

　　根据表 5-1 可进行下述统计分析：分别计算 2012 ～ 2014 年我国东部、中部、西部及东北地区各省工程造价咨询行业营业收入的平均值，以此衡量各年东部、中部、西部及东北地区行业营业收入的平均水平；以平均值为基础计算东部、中部、西部及东北地区各年行业营业收入的增长率，以此反映 2012 ～ 2014 年我国东部、中部、西部及东北地区行业营业收入的纵向变化趋势；用各年东部、中部、西部及东北地区各省行业营业收入的标准差除以平均值，得到行业营业收入的标准差系数，以此对比 2012 ～ 2014 年我国东部、中部、西部及东北地区内部各省市行业营业收入的差异水平，具体统计结果如表 5-2 所列。为更直观地对比近年来我国东部、中部、西部及东北地区工程造价咨询行业营业收入的平均水平、纵向变化及内部差异，将上述统计结果分别反映于图 5-1 ～图 5-3 中。

<table>
<thead>
<tr><th colspan="9">2012~2014年我国各区域营业收入统计结果</th><th>表5-2</th></tr>
</thead>
</table>

指标	营业收入平均值（万元）				营业收入年增长率（%）				营业收入标准差系数			
年份	东部	中部	西部	东北	东部	中部	西部	东北	东部	中部	西部	东北
2012 年	302753	131755	98622	87931	—	—	—	—	0.59	0.40	1.01	0.22
2013 年	373684	167756	131502	99682	23.43	27.32	33.34	13.36	0.56	0.37	1.15	0.28
2014 年	422003	183498	152329	111001	12.93	9.38	15.84	11.36	0.58	0.25	1.06	0.25

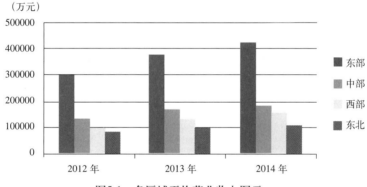

图5-1　各区域平均营业收入图示

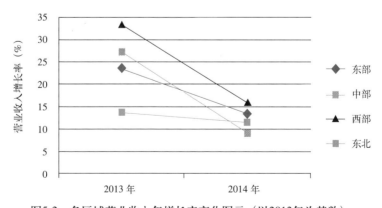

图5-2　各区域营业收入年增长率变化图示（以2012年为基数）

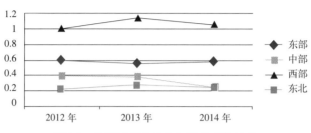

图5-3　各区域营业收入标准差系数图示

通过上述统计结果及图示信息可知：

（1）2012～2014年工程造价咨询行业在东部和中部地区发展较好，在西部和东北地区发展较差，这与建筑行业发展和社会经济发展有很大关系，东部和中部地区资源禀赋优越，社会经济发展繁荣，建设需求大，为工程造价咨询行业快速发展提供市场，西部、东北地区社会经济发展落后，建设行业发展不繁荣，工程造价咨询行业市场受到限制。

（2）2012～2014年工程造价咨询行业在各个地区都呈现稳定增长态势，但增速有所放缓，尤其是中部地区由27.32%的增长率下降到9.38%的增长率，东北地区下降幅度并不明显，由13.36%下降到11.36%。增速放缓的现象可能与固定资产投资速度放缓有关，2014年全国固定资产投资完成额累计502004.90亿元，累计增长率为15.7%，增幅与2013年的19.6%相比收窄。其中2014年房地产投资95035.61亿元，累计增长率为10.5%，增幅与2013年的19.8%相比大幅度收窄，新开工施工面积下降10.7%，商品房销售面积下降7.6%，商品房待售面积已达到6.22万亿 m^2，创历史新高。受清理地方融资平台等政策影响，政府投资也在放缓。这些情况解释了工程造价咨询市场向着增速收窄、竞争加剧方向发展。

（3）2012～2014年工程造价咨询行业营业收入平均增速在西部地区最高，2013年增长率33.34%，2014年增长率15.84%，这说明我国正在加大对西部地区的投资与建设，新型城镇化建设、精准扶贫开发等政策的颁布为工程造价咨询行业在西部地区的增速发展提供市场。

（4）2012～2014年东部和西部地区标准差系数较大，分别在0.6、1.0左右，总体上各地区标准差系数呈下降趋势。这说明我国工程造价咨询行业营业收入在西部和东部地区分布不均匀，东部和西部区域各个地区行业发展不均衡，这种不均衡发展有缩小的趋势。

（二）2012～2014 年行业平均营业收入指标变化情况

1. 总体变化情况

2012～2014 年工程造价咨询企业和从业人员平均收入及变化情况如表5-3所列。

2012~2014年企业和从业人员平均收入总体变化情况　　表5-3

平均收入指标	2012 年	2013 年		2014 年		平均增长（%）
	平均收入	平均收入	增长率(%)	平均收入	增长率(%)	
平均每家企业营业收入（万元／家）	1170.80	1465.15	25.14	1535.41	4.80	14.97
从业人员人均业务收入（万元／人）	26.71	29.75	11.39	25.79	−13.31	−0.96

（1）从表5-3平均每家企业营业收入方面分析，工程造价咨询企业收入均呈现稳步增长态势且增速放缓，收入十分可观，说明在新型城镇化的推动下，工程造价咨询企业拥有强大的市场。

（2）从表5-3人均业务收入方面分析，2013 年人均收入增长 11.39%，但 2014 年人均收入下降 13.31%，平均下降 0.96%，总体上呈现下降的变化态势。

2. 区域变化情况

2012～2014 年各区域工程造价咨询企业平均业务收入和从业人员人均营业收入如表 5-4 所列。

各区域企业及从业人员平均营业收入　　表5-4

区域	省份	平均每家营业收入（万元／家）						人均营业收入（万元／人）					
		2012年	2013年	增长率(%)	2014年	增长率(%)	平均增长(%)	2012年	2013年	增长率(%)	2014年	增长率(%)	平均增长(%)
东部地区	北京	1549	2057	32.80	2470	20.08	26.44	29.72	32.97	10.94	30.94	−6.14	2.40
	天津	2213	2004	−9.42	2812	40.29	15.44	25.26	25.31	0.18	33.96	34.20	17.19
	河北	461	557	20.89	592	6.23	13.56	15.22	17.58	15.48	16.82	−4.32	5.58

续表

区域	省份	平均每家营业收入（万元/家）						人均营业收入（万元/人）					
		2012年	2013年	增长率(%)	2014年	增长率(%)	平均增长(%)	2012年	2013年	增长率(%)	2014年	增长率(%)	平均增长(%)
东部地区	上海	3720	4166	12.00	3992	−4.19	3.90	31.24	37.18	19.00	34.31	−7.72	5.64
	江苏	1034	1193	15.40	1341	12.45	13.93	29.71	29.71	0.00	25.13	−15.44	−7.72
	浙江	1095	1340	22.38	1507	12.51	17.44	20.96	23.36	11.45	23.25	−0.48	5.49
	福建	1212	1509	24.51	1656	9.79	17.15	16.99	19.10	12.45	17.46	−8.61	1.92
	山东	589	665	12.82	766	15.21	14.01	16.78	16.80	0.13	18.79	11.88	6.00
	海南	897	1057	17.77	1077	1.87	9.82	22.15	25.04	13.07	26.23	4.76	8.92
	广东	1120	1546	37.99	1690	9.33	23.66	21.75	29.47	35.50	23.16	−21.43	7.03
	区域平均	1389	1609	18.71	1790	12.36	15.54	23	26	11.82	25	−1.33	5.24
中部地区	山西	400	529	32.30	554	4.64	18.47	15.73	18.63	18.42	18.22	−2.20	8.11
	河南	391	508	29.95	607	19.32	24.63	12.01	14.29	19.04	15.17	6.16	12.60
	湖北	431	665	54.48	614	−7.72	23.38	18.19	22.08	21.37	21.20	−3.97	8.70
	安徽	678	738	8.83	794	7.66	8.24	14.69	16.87	14.82	17.07	1.21	8.01
	江西	340	409	20.26	895	118.56	69.41	15.46	17.06	10.34	32.28	89.22	49.78
	湖南	645	835	29.50	750	−10.19	9.66	22.85	27.70	21.27	21.06	−24.00	−1.36
	区域平均	481	614	29.22	702	22.04	25.63	16	19	17.54	21	11.07	14.31
东北地区	辽宁	456	553	21.11	570	3.23	12.17	19.96	23.19	16.17	22.28	−3.90	6.14
	吉林	738	762	3.17	892	17.07	10.12	18.21	19.02	4.46	22.93	20.57	12.52
	黑龙江	428	448	4.68	452	0.76	2.72	16.52	19.97	20.88	16.48	−17.51	1.69
	区域平均	541	588	9.65	638	7.02	8.34	18	21	13.84	21	−0.28	6.78
西部地区	内蒙古	250	285	14.15	329	15.19	14.67	11.51	12.88	11.88	13.85	7.54	9.71
	广西	853	853	0.06	1228	43.95	22.01	14.99	14.86	−0.83	20.30	36.60	17.88
	重庆	1064	1155	8.47	1113	−3.59	2.44	21.36	22.31	4.44	21.64	−3.02	0.71
	四川	1184	1667	40.75	1699	1.97	21.36	26.55	26.55	0.00	20.12	−24.22	−12.11
	贵州	1158	1351	16.60	1346	−0.32	8.14	19.97	22.40	12.17	23.54	5.10	8.63
	云南	608	821	35.12	1004	22.25	28.69	17.77	25.16	41.55	26.42	5.01	23.28

续表

区域	省份	平均每家营业收入（万元/家）						人均营业收入（万元/人）					
		2012年	2013年	增长率(%)	2014年	增长率(%)	平均增长(%)	2012年	2013年	增长率(%)	2014年	增长率(%)	平均增长(%)
西部地区	西藏	513	1090	112.48	—	—	—	12.83	26.59	107.29	—	—	—
	陕西	894	1045	16.84	1255	20.11	18.48	16.50	16.51	0.05	19.54	18.32	9.18
	甘肃	496	608	22.58	769	26.46	24.52	12.57	13.59	8.11	13.23	−2.64	2.73
	青海	667	773	15.93	796	2.97	9.45	28.01	31.83	13.64	32.79	3.02	8.33
	宁夏	727	925	27.31	1027	10.96	19.14	20.12	21.48	6.78	20.68	−3.76	1.51
	新疆	524	658	25.49	685	4.10	14.79	16.32	21.97	34.63	22.29	1.44	18.04
	区域平均	745	936	27.98	1023	13.10	16.70	18	21	19.98	21	3.94	7.99

（1）从表5-4平均每家企业营业收入指标分析可以看出，总体上平均每家造价咨询企业的营业收入额在东部地区最高，其次是西部地区。2014年平均每家企业营业收入最高的有上海3992万元、天津2812万元、北京2470万元；最低的有内蒙古329万元、黑龙江452万元、山西554万元。2012～2014年各地区平均企业营业收入都呈现增长态势，其中增长最快的有江西69.41%、云南28.69%、北京26.44%；增长最慢的有上海3.90%、黑龙江2.72%、重庆2.72%；波动最大的有江西、湖北、天津。

（2）从表5-4人均营业收入指标分析可以看出，总体上人均营业收入额在东部地区最高，其次是西部地区和东北地区。2014年人均营业收入最高的有上海34.31万元、天津33.96万元、青海32.79万元；最低的有河南15.17万元、内蒙古13.85万元、甘肃13.23万元。2013年大部分地区人均收入呈现增长态势，而2014年大部分地区呈下降态势，2012～2014年人均营业收入平均增长最快的是江西49.78%、云南23.28%、新疆18.04%；平均增长最慢的是黑龙江1.69%、宁夏1.51%、重庆0.71%；平均呈下降趋势的是四川12.11%、江苏7.72%、湖南1.36%；平均波动最大的是江西、广东、湖南。

二、按业务类别分类的营业收入统计信息分析

工程造价咨询行业营业收入按业务类别划分，分为工程造价咨询业务收入和其他业务收入。其中，工程造价咨询业务收入按专业划分，分为房屋建筑工程、市政工程、公路工程、铁路工程、城市轨道交通工程、航空工程、航天工程、火电工程、水电工程、核工业工程、新能源工程、水利工程、水运工程、矿山工程、冶金工程、石油天然气工程、石化工程、化工医药工程、农业工程、林业工程、电子通信工程、广播影视电视工程及其他。按工程建设阶段划分，分为前期决策阶段咨询、实施阶段咨询、竣工决算阶段咨询、全过程工程造价咨询、工程造价经济纠纷的鉴定和仲裁的咨询、其他。其他业务收入包括招标代理业务、建设工程监理业务、项目管理业务、工程咨询业务。

（一）2014 年营业收入按业务类别分类的基本情况

2014 年工程造价咨询企业的营业收入为 1064.19 亿元，比上年增长 6.9%。其中工程造价咨询业务收入 479.25 亿元，占 45.03%；招标代理业务收入 101.41亿元，占 9.5%；建设工程监理业务 217.42 亿元，占 20.5%；项目管理业务收入193.68 亿元，占 18.2%；工程咨询业务收入 72.43 亿元，占 6.8%，各地区详细情况见表 5-5 和图 5-4 所示。

2014年营业收入按业务类别划分汇总表（万元）   表5-5

区 域	省 份	工程造价咨询业务收入	其他业务收入				
			合 计	招标代理业务	建设工程监理业务	项目管理业务	工程咨询业务
合计		4792492	5849431	1014140	2174220	1936803	724268
东部地区	北京	524526	149810	68765	35015	32927	13103
	天津	62235	61491	37165	7480	8850	7997
	河北	107399	102597	38450	53264	2391	8492
	上海	325461	265312	54108	133212	22325	55668
	江苏	442892	329715	95426	206943	14473	12873
	浙江	325399	253456	80776	135241	24688	12750

续表

区 域	省 份	工程造价咨询业务收入	其他业务收入				
			合 计	招标代理业务	建设工程监理业务	项目管理业务	工程咨询业务
东部地区	福建	75438	133267	23910	105891	999	2466
	山东	236185	209415	72727	122554	8215	5919
	广东	276840	306300	60635	183103	21024	41539
	海南	27112	5183	436	3073	0	1674
中部地区	山西	89629	41124	22203	16450	740	1731
	安徽	116733	142180	34231	107950	0	0
	江西	44616	80643	10342	20487	12150	37665
	河南	98403	87227	33151	46032	1939	6106
	湖北	131886	68279	22479	20029	2826	22946
	湖南	129108	71156	28823	35489	1543	5300
东北地区	辽宁	108644	35683	21111	1953	579	12039
	吉林	70184	43080	13358	26939	1984	798
	黑龙江	65197	10216	4437	5494	56	228
西部地区	内蒙古	61424	14828	8773	5671	63	322
	广西	66716	65953	20355	43254	113	2231
	重庆	162947	63008	15655	38219	3311	5822
	四川	314183	333308	49764	171336	92342	19866
	贵州	43056	80813	15848	46624	9700	8641
	云南	106699	27835	5653	10941	6257	4983
	西藏	—	—	—	—	—	—
	陕西	103036	97759	57565	36544	1264	2386
	甘肃	32375	67577	11322	53105	716	2434
	青海	15098	18343	4236	12026	330	1751
	宁夏	35747	12511	7909	4191	343	68
	新疆	68728	36010	17969	16017	654	1370

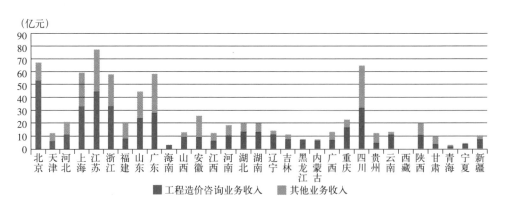

图5-4　2014年各地区营业收入按业务类别分类分配图

（1）从表5-5和图5-4中各地区工程造价收入分布均衡角度看，造价咨询行业不仅在四大经济区域间发展不协调，而且在每个区域内部地区间发展也不协调，总体看来，造价咨询行业营业收入在中部和东北地区分布较为均衡，在东部和西部地区分布差别较大。造价咨询行业营业收入在东、中部地区分布较高，尤其在东部地区的江苏、北京、上海，在西部及东北地区分布较低，尤其在西部地区的青海、宁夏。但在东部地区也有收入特别低的地区，如天津、河北、海南，在西部地区也有收入特别高的地区，如四川。

（2）从图5-4可以看出，四川省的工程造价咨询行业营业收入较其他西部地区特别高。其原因大致有三个方面：第一，2012～2014年，四川省全社会固定资产投资较西部其他地区偏高，且逐年增长，见表5-6和图5-5所示，为工程造价咨询行业发展提供更大的市场；第二，四川省工程造价咨询服务收费标准在前期投资估算、施工阶段全过程造价控制、竣工结算等收费项目较西部其他部分地区偏高；第三，四川省制定并不断完善《四川省工程造价咨询行业自律公约》实施细则，保证工程造价咨询行业的公正公平和良好口碑，利于工程造价咨询行业在四川省的快速发展。

2012～2014年西部地区全社会固定资产投资情况表（亿元）　　　　　　表5-6

西部地区	2012 年	2013 年	2014 年
四川	17040.0	20326.11	23318.66
重庆	8736.20	10435.24	12281.12

续表

西部地区	2012 年	2013 年	2014 年
贵州	5717.80	7373.60	9025.70
云南	7831.10	9968.30	11498.56
广西	9808.60	11907.67	13843.20
陕西	12044.50	14884.15	17192.14
甘肃	5145.00	6527.94	7884.12
青海	1883.40	2361.09	2861.21
宁夏	2096.90	2651.14	3173.82
西藏	670.50	876.00	1069.23
新疆	6158.80	7732.30	9438.31
内蒙古	11875.70	14217.38	17585.05

注：数据来源于中国统计年鉴 2012~2014。

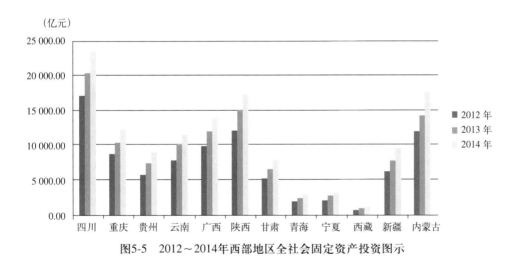

图5-5 2012~2014年西部地区全社会固定资产投资图示

（二）2012 ～ 2014 年营业收入按业务类别分类的变化情况

1. 总体变化情况

2012 ～ 2014 年工程造价咨询行业营业收入按业务类别分类的总体变化情况如表 5-7 和图 5-6 所示。

2012～2014年营业收入按业务类别分类的总体变化（亿元）　　　　表5-7

内　容		2012 年		2013 年			2014 年		
		收 入	占比（%）	收 入	占比（%）	增长率（%）	收入	占比（%）	增长率（%）
工程造价咨询业务收入		352	45.3	420	42.2	19.3	479	45.0	14.0
其他业务收入	合计	425	54.7	575	57.8	35.3	585	55.0	1.7
	招标代理业务收入	85	11.0	102	10.2	20.0	101	9.5	−1.0
	建设工程监理业务	154	19.9	189	19.0	22.7	218	20.5	15.3
	项目管理业务收入	107	13.8	179	18.2	67.3	194	18.2	8.4
	工程咨询业务收入	78	10.0	106	10.6	35.9	72	6.8	−32.1

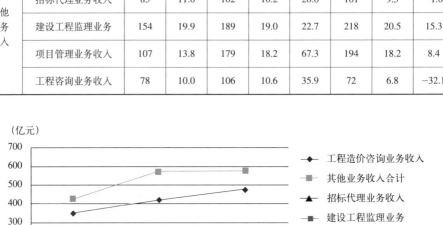

图5-6　2012～2014年按业务类别分类的营业收入变化图

从表5-7工程造价咨询业务收入所占百分比角度分析，其所占比例不到50%，其他业务收入所占比例多年来始终高于工程造价咨询业务收入。从变化趋势角度分析，工程造价咨询业务收入及其他业务收入稳步增长但增速放缓，招标代理业务收入和工程咨询业务收入总体呈下降态势，而建设工程监理业务收入与项目管理业务收入总体均呈上升态势。

2.区域变化情况

2012～2014年各地区工程造价咨询企业按业务类别分类的营业收入变化如表5-8和图5-7所示。

2012～2014年各地区按业务类别分类的营业收入（万元）　　　　表5-8

省份	工程造价咨询业务收入						其他业务收入					
	2012年	2013年		2014年		平均增长(%)	2012年	2013年		2014年		平均增长(%)
	收入	收入	增长率(%)	收入	增长率(%)		收入	收入	增长率(%)	收入	增长率(%)	
合计	3516025	4195632	19.33	4792492	14.23	16.78	4246342	5758535	35.61	5849431	1.58	18.60
北京	337105	421168	24.94	524526	24.54	24.74	101268	119836	18.34	149810	25.01	21.67
天津	42949	53834	25.34	62235	15.61	20.47	43346	66428	53.25	61491	−7.43	22.91
河北	85398	100118	17.24	107399	7.27	12.25	74900	92000	22.83	102597	11.52	17.17
山西	61684	83036	34.62	89629	7.94	21.28	29567	39278	32.84	41124	4.70	18.77
内蒙古	40947	51298	25.28	61424	19.74	22.51	9798	9766	−0.33	14828	51.83	25.75
辽宁	84963	100440	18.22	108644	8.17	13.19	29100	38258	31.47	35683	−6.73	12.37
吉林	43293	46154	6.61	70184	52.06	29.34	37930	40691	7.28	43080	5.87	6.58
黑龙江	55357	60942	10.09	65197	6.98	8.54	13148	12559	−4.48	10216	−18.66	−11.57
上海	284898	327180	14.84	325461	−0.53	7.16	235917	231124	−2.03	265312	14.79	6.38
江苏	312205	366583	17.42	442892	20.82	19.12	242836	290649	19.69	329715	13.44	16.57
浙江	246957	297878	20.62	325399	9.24	14.93	159234	211275	32.68	253456	19.96	26.32
安徽	83797	99751	19.04	116733	17.02	18.03	127027	132629	4.41	142180	7.20	5.81
福建	54735	68746	25.60	75438	9.73	17.67	79760	115307	44.57	133267	15.58	30.07
江西	29706	36212	21.90	44616	23.21	22.55	18288	22326	22.08	80643	261.21	141.64
山东	177392	224133	26.35	236185	5.38	15.86	160729	202515	26.00	209415	3.41	14.70
河南	71284	87678	23.00	98403	12.23	17.62	57441	68411	19.10	87227	27.50	23.30
湖北	87951	110042	25.12	131886	19.85	22.48	54176	107526	98.48	68279	−36.50	30.99

省份	工程造价咨询业务收入						其他业务收入						
	2012年	2013年		2014年		平均增长(%)	2012年	2013年		2014年		平均增长(%)
	收入	收入	增长率(%)	收入	增长率(%)		收入	收入	增长率(%)	收入	增长率(%)	
湖南	86986	108706	24.97	129108	18.77	21.87	82621	110939	34.27	71156	−35.86	−0.79
广东	206351	251733	21.99	276840	9.97	15.98	155530	264634	70.15	306300	15.74	42.95
广西	41534	41693	0.38	66716	60.02	30.20	50571	52174	3.17	65953	26.41	14.79
海南	19323	23610	22.19	27112	14.83	18.51	6700	8093	20.79	5183	−35.96	−7.58
重庆	123896	153164	23.62	162947	6.39	15.01	52799	58119	10.08	63008	8.41	9.24
四川	228119	279773	22.64	314183	12.30	17.47	164971	320184	94.09	333308	4.10	49.09
贵州	28047	39318	40.19	43056	9.51	24.85	53039	71436	34.69	80813	13.13	23.91
云南	72128	89912	24.66	106699	18.67	21.66	26486	19312	−27.09	27835	44.13	8.52
西藏	650	1641	152.46	—	—	—	376	539	43.35	—	—	—
陕西	65214	82387	26.33	103036	25.06	25.70	69818	76424	9.46	97759	27.92	18.69
甘肃	20903	26609	27.30	32375	21.67	24.48	35639	45133	26.64	67577	49.73	38.18
青海	8839	11580	31.01	15098	30.38	30.70	13173	17031	29.29	18343	7.70	18.50
宁夏	22360	30415	36.02	35747	17.53	26.78	7439	9374	26.01	12511	33.46	29.74
新疆	46345	58053	25.26	68728	18.39	21.83	25446	32692	28.48	36010	10.15	19.31

从表5-8平均变化趋势角度看，2012～2014年各地区工程造价咨询业务收入和其他业务收入都呈现增长态势，其他业务收入合计平均增长率18.60%高于工程造价咨询业务收入合计平均增长率16.78%。对于工程造价咨询业务收入，平均增长最快的地区有青海、广西、吉林，平均增长率分别为30.70%、30.20%、29.34%；平均增长最慢的有河北、黑龙江、上海，平均增长率分别为12.25%、8.54%、7.16%；波动最大的有广西、吉林、贵州。对于其他业务收入，平均增长最快的

地区有江西、四川、广东，平均增长率分别为141.64%、49.09%、42.95%；平均增长最慢的有吉林、上海、安徽，平均增长率分别为6.58%、6.38%、5.81%；平均呈下降趋势的有黑龙江、海南、湖南，平均下降率分别为11.57%、7.58%、0.79%；波动最大的有江西、湖北、四川。

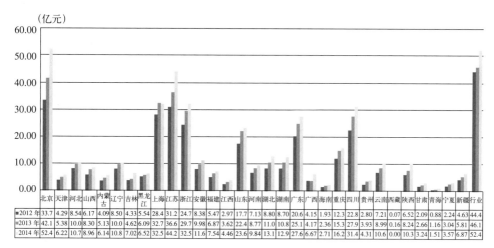

图5-7 2012～2014年行业工程造价咨询业务收入地区变化图

第二节 工程造价咨询业务收入统计分析

一、按专业分类的工程造价咨询业务收入统计信息分析

（1）2012～2014年按专业分类的工程造价咨询业务收入情况如表5-9所列。

2012～2014年按专业分类的工程造价咨询业务收入情况（万元）　　　　表5-9

专业分类	2012年		2013年			2014年			平均增长(%)
	收入	占比(%)	收入	占比(%)	增长率(%)	收入	占比(%)	增长率(%)	
房屋建筑工程	2075087	59.02	2497543	59.53	20.36	2855063	59.57	14.31	17.34
市政工程	457429	13.01	576196	13.73	25.96	680257	14.19	18.06	22.01
公路工程	149969	4.27	181695	4.33	21.16	202666	4.23	11.54	16.35

续表

专业分类	2012 年		2013 年			2014 年			平均增长 (%)
	收入	占比 (%)	收入	占比 (%)	增长率 (%)	收入	占比 (%)	增长率 (%)	
铁路工程	58462	1.66	43884	1.05	−24.94	59863	1.25	36.41	5.74
城市轨道交通	48983	1.39	57633	1.37	17.66	73035	1.52	26.72	22.19
航空工程	10397	0.30	10563	0.25	1.60	13129	0.27	24.29	12.94
航天工程	1765	0.05	2866	0.07	62.38	2212	0.05	−22.82	19.78
火电工程	111253	3.16	123950	2.95	11.41	116698	2.44	−5.85	2.78
水电工程	59497	1.69	74597	1.78	25.38	79133	1.65	6.08	15.73
核工业工程	8284	0.24	18811	0.45	127.08	2659	0.06	−85.86	20.61
新能源工程	20084	0.57	20115	0.48	0.15	30699	0.64	52.62	26.39
水利工程	63745	1.81	82487	1.97	29.40	96958	2.02	17.54	23.47
水运工程	25219	0.72	27748	0.66	10.03	27875	0.58	0.46	5.24
矿山工程	55266	1.57	69657	1.66	26.04	94518	1.97	35.69	30.87
冶金工程	54340	1.55	53596	1.28	−1.37	63156	1.32	17.84	8.23
石油天然气	35207	1.00	39969	0.95	13.53	55847	1.17	39.73	26.63
石化工程	33959	0.97	38665	0.92	13.86	41588	0.87	7.56	10.71
化工医药工程	39183	1.11	35851	0.85	−8.50	31798	0.66	−11.31	−9.90
农业工程	13250	0.38	17634	0.42	33.09	21570	0.45	22.32	27.70
林业工程	5923	0.17	9900	0.24	67.15	11200	0.23	13.13	40.14
电子通信工程	40176	1.14	51978	1.24	29.38	58777	1.23	13.08	21.23
广播影视电视	7634	0.22	6364	0.15	−16.64	5452	0.11	−14.33	−15.48
其他	140912	4.01	153930	3.67	9.24	168339	3.51	9.36	9.30

（2）占比最大的前 4 个专业的工程造价咨询业务收入情况如图 5-8 所示。

从表 5-9 按专业分类的工程造价咨询业务收入所占百分比角度分析，2012～2014 年房屋建筑工程、市政工程及公路工程占比较大，这三类专业收入比例占绝对优势，铁路、火电、水利等专业工程所占比例合计甚少，为 20% 左

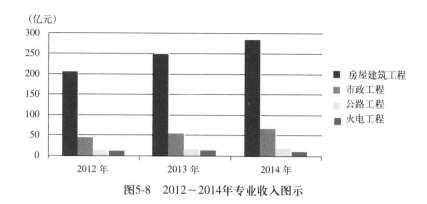

图5-8　2012～2014年专业收入图示

右。从变化趋势角度分析，2012～2014年工程造价咨询业务收入平均增长较快的专业有林业工程、矿山工程、农业工程，平均增长率分别为40.14%、30.87%、27.70%；平均增长较慢的专业有铁路工程、水运工程、火电工程，平均增长率分别为5.74%、5.24%、2.78%；部分专业呈下降趋势，有化工医药工程和广播影视电视工程，平均下降率分别为9.90%、15.48%；波动最大的专业是核工业工程、航天工程和铁路工程。

二、按工程建设阶段分类的工程造价咨询业务收入统计信息分析

（一）2012～2014年按工程建设阶段分类的工程造价咨询业务收入总体变化情况

按工程建设阶段分类的工程造价咨询业务收入变化情况如表5-10和图5-9所示。

2012～2014年按工程建设阶段分类的工程造价咨询收入总体变化（亿元）　表5-10

阶段分类	2012年		2013年			2014年		
	收入	占比（%）	收入	占比（%）	增长（%）	收入	占比（%）	增长（%）
前期决策阶段咨询	35.57	10.12	42.65	10.16	19.90	49.63	10.36	16.37
实施阶段咨询	85.17	24.22	106.94	25.49	25.56	127.98	26.71	19.67
竣工决算阶段咨询	130.21	37.03	153.89	36.68	18.19	165.94	34.62	7.83

续表

阶段分类	2012 年		2013 年			2014 年		
	收入	占比(%)	收入	占比(%)	增长(%)	收入	占比(%)	增长(%)
全过程工程造价咨询	82.65	23.51	100.83	24.03	22.00	115.58	24.12	14.63
工程造价鉴定和仲裁	4.42	1.26	5.61	1.34	26.92	6.78	1.41	20.86
其他	13.58	3.86	9.65	2.30	−28.94	13.34	2.78	38.24

（1）从表 5-10 工程建设阶段分类的工程造价咨询业务所占百分比角度分析，2012 ~ 2014 年各阶段收入占工程造价咨询业务收入比例由高到低为竣工决算阶段、实施阶段、全过程、前期决策阶段、工程造价经济纠纷的鉴定和仲裁。上述收入高低关系说明竣工决算阶段咨询存在较高的核减效益收入；全过程工程造价咨询是工程造价咨询行业的一个发展方向，占比较高；前期决策阶段咨询业务收入绝对额不大，但仍占有一定比例，其重要性在日益得到认可；工程造价经济纠纷的鉴定和仲裁业务收入比例非常低，主要由于此类业务存在资质许可门槛，专业技术要求高，业务实施难度大。2012 ~ 2014 年期间，竣工决算阶段咨询占比为 37.03%、36.68%、34.62%，呈明显下降态势；实施阶段咨询占比为 24.22%、25.49%、26.71%，全过程工程造价咨询为 23.51%、24.03%、24.12%，都呈稳定增长态势。说明工程造价咨询业务从工程建设事后逐步转向事中开展。

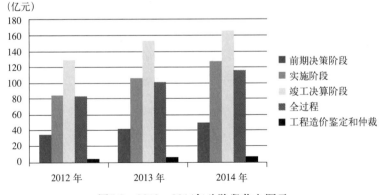

图5-9　2012~2014年分阶段收入图示

(2) 从表 5-10 工程建设阶段分类的工程造价咨询业务变化趋势角度分析，各阶段收入都呈现逐年增长态势且增长速度放缓，其中 2013 年增长速度最快的阶段是工程造价经济纠纷的鉴定和仲裁以及实施阶段，增长率分别为 26.92%、25.56%，2014 年增长速度最快的阶段是其他咨询业务收入以及工程造价经济纠纷的鉴定和仲裁，增长率分别为 38.24%、20.86%；波动最大阶段是其他业务收入。

（二）2012 ～ 2014 年按工程建设阶段分类的工程造价咨询业务收入区域变化情况

2012 ～ 2014 年按工程建设阶段分类的工程造价咨询业务收入区域变化情况如表 5-11 所列。

2012～2014年按工程建设阶段分类的工程造价咨询业务收入变化情况（万元）　表5-11
（平均占比排名前4的地区）

省份	2012 年		2013 年			2014 年			平均占比（%）	平均增长（%）
	收入	占比（%）	收入	占比（%）	增长率（%）	收入	占比（%）	增长率（%）		
前期决策阶段收入										
海南	3227	16.70	4897	20.74	51.75	3359	12.39	−31.41	16.61	10.17
湖南	13596	15.63	18266	16.80	34.35	18240	14.13	−0.14	15.52	17.10
重庆	19680	15.88	23305	15.22	18.42	23667	14.52	1.55	15.21	9.99
贵州	3908	13.93	6470	16.46	65.56	5995	13.92	−7.34	14.77	29.11
实施阶段咨询收入										
宁夏	9616	43.01	24366	80.11	153.39	25033	70.03	2.74	64.38	78.06
福建	27503	50.25	34844	50.69	26.69	38305	50.78	9.93	50.57	18.31
青海	3644	41.23	5572	48.12	52.91	7565	50.11	35.77	46.48	44.34
广东	69715	33.78	88185	35.03	26.49	97064	35.06	10.07	34.63	18.28
竣工决算阶段咨询收入										
江西	16707	56.24	19878	54.89	18.98	24938	55.89	25.46	55.68	22.22
山西	30874	50.05	46568	56.08	50.83	46014	51.34	−1.19	52.49	24.82
江苏	153925	49.30	178283	48.63	15.82	208675	47.12	17.05	48.35	16.44

续表

省份	2012 年		2013 年			2014 年			平均占比（%）	平均增长（%）
	收入	占比（%）	收入	占比（%）	增长率（%）	收入	占比（%）	增长率（%）		
全过程工程造价咨询收入										
上海	109404	38.40	154973	47.37	41.65	139328	42.81	−10.10	42.86	15.78
天津	16425	38.24	19448	36.13	18.40	22313	35.85	14.73	36.74	16.57
云南	27098	37.57	33037	36.74	21.92	35288	33.07	6.81	35.80	14.37
北京	101532	30.12	141874	33.69	39.73	162916	31.06	14.83	31.62	27.28
工程造价经济纠纷的鉴定和仲裁收入										
海南	563	2.91	567	2.40	0.71	967	3.57	70.55	2.96	35.63
辽宁	2070	2.44	3038	3.02	46.76	2968	2.73	−2.30	2.73	22.23
黑龙江	860	1.55	1029	1.69	19.65	2383	3.66	131.58	2.30	75.62
宁夏	469	2.10	565	1.86	20.47	715	2.00	26.55	1.99	23.51
其他收入										
吉林	3321	7.67	3303	7.16	−0.54	19701	28.07	496.46	14.30	247.96
黑龙江	10213	18.45	385	0.63	−96.23	3321	5.09	762.60	8.06	333.18
广西	1122	2.70	756	1.81	−32.62	10560	15.83	1296.83	6.78	632.10
云南	5295	7.34	3706	4.12	−30.01	4742	4.44	27.95	5.30	−1.03

（1）从表 5-11 各区域各工程建设阶段工程造价咨询业务收入占比角度分析，前期决策阶段咨询收入中，2012 年和 2013 年里海南占比最高，分别为 16.70%、20.74%，2014 年里重庆占比最高，为 14.52%；实施阶段咨询收入中，2012 年里福建占比最高，为 50.25%，2013 年和 2014 年里宁夏占比最高，分别为 80.11%、70.03%；竣工决算阶段咨询收入，2012 年里江西占比最高，为 56.24%，2013 年和 2014 年里内蒙古占比最高，分别为 57.84%、56.25%；全过程工程造价咨询收入中，2012 ~ 2014 年间上海占比都是最高的，分别为 38.40%、47.37%、42.81%；工程造价经济纠纷的鉴定和仲裁收入中，2012 年里海南占比最高，为 2.91%，2013 年里辽宁占比最高，为 3.02%，2014 年里黑龙江占比最高 3.66%。

（2）从表5-11各区域各工程建设阶段工程造价咨询业务收入变化趋势角度分析，2012～2014年期间，前期决策阶段咨询收入平均增长较快的地区是贵州、湖南、海南，平均增长率分别为29.11%、17.10%、10.17%；实施阶段咨询收入平均增长较快的地区是宁夏、青海、福建，平均增长率分别为78.06%、44.34%、18.31%；竣工决算阶段咨询收入平均增长较快的地区是内蒙古、山西、江西，平均增长率分别为25.03%、24.82%、22.22%；全过程工程造价咨询收入平均增长较快的地区是北京、天津、上海，平均增长率分别为27.28%、16.57%、15.78%；工程造价经济纠纷鉴定和仲裁收入平均增长较快的地区是黑龙江、海南、宁夏，平均增长率分别为75.62%、35.63%、23.51%。

（3）从表5-11各区域各工程建设阶段收入区域集中度角度分析，计算东部、中部、西部和东北地区在各阶段的收入中各省平均占比，如表5-12所列。前期决策阶段收入各省平均占比在中部和西部地区较高，实施阶段咨询收入各省平均占比在东部和西部地区较高，竣工决算阶段收入各省平均占比在中部和东北地区较高，全过程工程造价咨询收入各省平均占比在东部地区较高，工程造价经济纠纷各省平均占比在东北地区较高。

2012~2014年各地区在各阶段收入中各省平均占比（%）　　　　表5-12

内容		2012 年	2013 年	2014 年
前期决策阶段收入	东部地区	8.84	9.35	9.27
	中部地区	10.33	11.86	10.70
	东北地区	8.39	10.24	8.51
	西部地区	10.65	11.04	10.92
实施阶段咨询收入	东部地区	25.91	26.63	28.74
	中部地区	24.16	25.69	27.77
	东北地区	18.65	18.32	21.87
	西部地区	25.60	29.99	33.87

续表

内容		2012 年	2013 年	2014 年
竣工决算阶段咨询收入	东部地区	36.89	35.93	33.66
	中部地区	47.24	44.38	43.36
	东北地区	41.11	44.97	38.36
	西部地区	41.22	34.78	33.55
全过程工程造价咨询收入	东部地区	23.66	24.81	24.98
	中部地区	14.80	15.00	15.01
	东北地区	19.64	20.64	17.01
	西部地区	19.24	17.47	17.37
工程造价经济纠纷收入	东部地区	1.51	1.62	1.65
	中部地区	1.29	1.08	1.28
	东北地区	1.96	2.17	2.51
	西部地区	1.70	1.46	1.46
其他收入	东部地区	3.19	1.65	1.70
	中部地区	2.18	1.94	1.88
	东北地区	10.25	3.66	11.74
	西部地区	2.67	5.97	3.58

第三节　财务收入统计分析

一、2014 年财务收入基本情况

2014 年各地区工程造价咨询企业财务状况汇总信息如表 5-13 所列。

2014年各地区财务状况汇总表（万元）　　表5-13

序号	省份	营业收入合计	工程造价咨询营业收入	其他收入	利润总额	所得税
0	合计	10641922	4792492	5849431	1038845	244902
1	北京	674336	524526	149810	60047	15260

续表

序号	省份	营业收入合计	工程造价咨询营业收入	其他收入	利润总额	所得税
2	天津	123726	62235	61491	14344	3467
3	河北	209996	107399	102597	13087	2852
4	山西	130754	89629	41124	14044	3253
5	内蒙古	76252	61424	14828	6550	1152
6	辽宁	144326	108644	35683	9032	2630
7	吉林	113264	70184	43080	11656	12445
8	黑龙江	75413	65197	10216	4999	1099
9	上海	590773	325461	265312	70758	17037
10	江苏	772607	442892	329715	81242	19676
11	浙江	578855	325399	253456	50099	11249
12	安徽	258914	116733	142180	24947	13000
13	福建	208705	75438	133267	15908	3727
14	江西	125259	44616	80643	18102	2248
15	山东	445600	236185	209415	36264	7179
16	河南	185631	98403	87227	9439	2235
17	湖北	200165	131886	68279	15251	2877
18	湖南	200264	129108	71156	17235	2889
19	广东	583140	276840	306300	43186	10183
20	广西	132669	66716	65953	3119	2063
21	海南	32295	27112	5183	1587	659
22	重庆	225954	162947	63008	15873	2216
23	四川	647491	314183	333308	60638	13692
24	贵州	123868	43056	80813	10650	1207
25	云南	134534	106699	27835	10717	2498
26	陕西	200795	103036	97759	27731	18668
27	甘肃	99952	32375	67577	8429	1519
28	青海	33441	15098	18343	5726	1140

续表

序号	省份	营业收入合计	工程造价咨询营业收入	其他收入	利润总额	所得税
29	宁夏	48258	35747	12511	4570	732
30	新疆	104737	68728	36010	10544	2050
31	行业归口	3159947	524596	2635350	363071	64002

从财务收入角度分析，2014 年上报的工程造价咨询企业实现利润总额高达 103.88 亿元，其中，利润总额较高的地区是江苏、上海、四川，分别为 81242 万元、70758 万元、60638 万元，在一定程度上说明了，随着行业上游企业及政府投资项目对成本管控的要求越来越严格，成本管理的需求也不断增加，更多的市场主体对工程造价咨询行业的专业性更为认可，乐于将成本管理的工作交给专业的咨询公司承接，促进了市场规模的扩大，行业地位越来越高，在社会中发挥的作用也越来越大。

二、2012 ～ 2014 年财务收入区域变化统计分析

2012 ～ 2014 年工程造价咨询企业财务收入利润总额区域变化情况如表 5-14 和图 5-10 所示。

从总体变化角度分析，2012 ～ 2014 年，我国工程造价咨询企业实现的利润总额呈增长态势，与前一年相比，2013 年增长率为 13.58%，2014 年增长率为 25.45%，平均增长率为 19.52%，说明我国工程造价咨询行业市场规模在逐年增长，且增速加快，行业处于发展阶段。2012 ～ 2014 年工程造价咨询企业财务收入利润总额排名最高的两个城市都是江苏和上海，说明工程造价咨询企业在江苏和上海两个地区发展较为成熟和繁荣。

从区域变化角度分析，2012 ～ 2014 年工程造价咨询企业财务收入利润总额平均较高的地区是东部地区。东部地区利润总额平均增长率最高的是山东，为 117.75%，中部地区利润总额平均增长率最高的是山西，为 103.91%，西部地区利润总额平均增长率最高的是甘肃，为 74.29%，而东北地区利润总额平均呈下降趋势，其中平均下降最严重的是黑龙江，为 22.88%。

2012～2014年财务收入利润总额区域变化情况汇总表　　表5-14

区域	省份	2012 年	2013 年		2014 年		平均增长率（%）
		利润总额（万元）	利润总额（万元）	增长率（%）	利润总额（万元）	增长率（%）	
	合计	729070	828097	13.58	1038845	25.45	19.52
东部地区	北京	32186	36286	12.74	60047	65.48	39.11
	天津	8548	13497	57.90	14344	6.28	32.09
	河北	11625	9409	−19.06	13087	39.09	10.01
	上海	51239	57140	11.52	70758	23.83	17.67
	江苏	58054	70087	20.73	81242	15.92	18.32
	浙江	42865	52810	23.20	50099	−5.13	9.03
	福建	11844	19553	65.09	15908	−18.64	23.22
	山东	10792	36182	235.27	36264	0.23	117.75
	广东	25110	27952	11.32	43186	54.50	32.91
	海南	770	1771	130.00	1587	−10.39	59.81
中部地区	山西	3804	5160	35.65	14044	172.17	103.91
	安徽	25150	26213	4.23	24947	−4.83	−0.30
	江西	5002	7008	40.10	18102	158.30	99.20
	河南	14079	15267	8.44	9439	−38.17	−14.87
	湖北	8389	24007	186.17	15251	−36.47	74.85
	湖南	12142	15027	23.76	17235	14.69	19.23
东北地区	辽宁	12193	13655	11.99	9032	−33.86	−10.93
	吉林	15291	10053	−34.26	11656	15.95	−9.15
	黑龙江	8465	5983	−29.32	4999	−16.45	−22.88
西部地区	内蒙古	3779	4772	26.28	6550	37.26	31.77
	广西	8477	3571	−57.87	3119	−12.66	−35.27
	重庆	8900	10424	17.12	15873	52.27	34.70
	四川	30885	50832	64.58	60638	19.29	41.94
	贵州	10154	11896	17.16	10650	−10.47	3.34
	云南	11118	10890	−2.05	10717	−1.59	−1.82

续表

区域	省份	2012 年	2013 年		2014 年		平均增长率
		利润总额 （万元）	利润总额 （万元）	增长率 （%）	利润总额 （万元）	增长率 （%）	（%）
西部地区	西藏	26	73	180.77	—	—	40.38
	陕西	16614	22309	34.28	27731	24.30	29.29
	甘肃	2894	6067	109.64	8429	38.93	74.29
	青海	2739	4723	72.44	5726	21.24	46.84
	宁夏	3566	4687	31.44	4570	−2.50	14.47
	新疆	5902	9398	59.23	10544	12.19	35.71
行业归口		266469	277681	4.21	363071	30.75	17.48

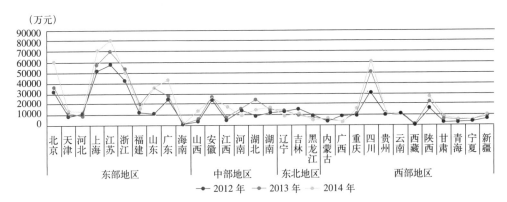

图5-10　2012～2014年财务收入利润总额区域变化图示

第六章

第一节　行业存在的主要问题

一、法律法规、行业管理相关制度有待完善

1997 年我国颁布了《建筑法》，这是我国建筑行业的根本大法。近年来有关工程造价咨询的相关法律法规和制度正在不断出台和修正，但与其他行业相比，仍然存在一些问题，行业的法律地位不明确，比如《建筑法》在从业许可中提到从事建筑活动的建筑施工企业、勘察单位、设计单位和工程监理单位的资质、许可和法律责任，却没有涉及造价咨询单位，造成造价咨询行业的地位和作用不明确，处于法律责任不明确、无法可依的尴尬处境。我国咨询产业立法总体上相对滞后，工程造价咨询机构和执业人员从事工程造价咨询业务发生法律责任时由谁来承担，目前尚无明确规定。工程造价咨询机构和执业人员发生的法律责任，有些是可控的，有些是不可控的，两者如何界定，没有统一制度约束。因此，我国工程造价咨询行业法律法规及相关制度亟待完善。

二、区域间发展差异大，区域内细分市场不协调

根据第五章表 5-2 关于 2012 ~ 2014 年我国各区域工程造价咨询行业营业收入统计结果可以看出，东部工程造价咨询企业的营业收入远远高于中部、西部和东北。工程造价咨询行业在东部地区发展较好，在中部、西部和东北地区发展较差。但工程造价咨询行业营业收入平均增速在西部地区最高，说明西部有追赶的

趋势。同时，东部和西部地区标准差系数较大，分别在0.6、1.0左右，表明我国工程造价咨询行业营业收入在西部和东部地区分布不均匀，东部和西部区域各个地区行业发展差异较大。

根据第五章第二节中按专业分类的营业收入分析可以看出，按专业划分的工程造价咨询细分市场中房屋建筑工程专业稳居霸主地位，占了所有市场份额的近六成，而且市场份额还在不断增加；各专业工程市场份额占比的悬殊显示了国内专业细分市场分布极不均衡。

三、企业业务范围窄、服务同质化

目前我国工程造价咨询机构的业务主要集中在招标标底编制和竣工结算上，造价咨询业务范围窄，整体性咨询业务不足，且服务的工程对象专业类别相对单一。各专业工程中，营业额的60%集中在房建工程，从业人员大部分也集中在该专业。而市政工程、公路工程、冶金工程、化工医药工程、电子通信工程等所占份额较低。工程造价咨询行业的公司大部分业务都集中在房屋建筑这个进入门槛较低、技术水平需求较低的细分市场。

此外，根据第五章按工程建设阶段分类的工程造价咨询业务收入统计信息分析看出，结算审核阶段咨询业务同质化严重，全过程工程造价咨询是工程造价咨询行业的一个发展方向，占比较高，前期决策阶段咨询业务收入绝对额较小，工程造价经济纠纷的鉴定和仲裁业务收入比例非常低。

四、知识产权保护意识薄弱

知识在工程造价咨询行业中充当了资源和产品的双重身份。对于工程造价咨询企业，知识主要以资源的形态存在，同时也存在于为委托方所做的咨询服务成果（产品）中，而对于业主来说，知识在咨询的业务成果（产品）中体现。

目前，国内关于知识产权保护意识相对薄弱，如果咨询企业相关人员或委托方知识产权保护意识薄弱，那么凝结在咨询产品中的知识就容易泄露，双方同时拥有产品的知识产权时，加大了产品中核心知识泄露的机会。由于知识对工程造价咨询企业具有举足轻重的作用，很容易让人觊觎其他企业产品中的知识，进一步加大了咨询产品中知识泄露的概率。

五、低价恶性竞争严重

目前工程造价咨询市场存在的低价恶性竞争主要体现在如下两个方面：

一方面，与会计、工程设计、工程咨询等行业相比，工程造价咨询企业规模偏小，产业集中度偏低。根据第四章第三节市场集中度的分析结论，工程造价咨询行业市场集中度较低，说明目前我国工程造价咨询尚未形成统领该行业的领军企业，大部分是小微企业。部分小微企业为了承接业务，采取低价竞争策略，导致部分有实力的大型企业在市场中处于劣势，无力开展技术创新，也无力加强人才培养，个别企业的短视行为导致整个行业陷入不良循环之中。

另一方面，个别非专营机构和非专职从业人员利用恶意低价扰乱工程造价咨询市场的正常秩序，使传统计价服务业务市场的竞争进一步恶化。恶性竞争不仅扰乱了市场秩序，造成了业主与工程造价咨询企业之间新的信息不对称，强化了业主与工程造价咨询企业之间关系的对立，增加了行业的整体交易费用，也最终损害了行业的整体利益。

第二节　行业应对策略

一、加强制度和管理体系建设

（一）构建科学合理的工程计价依据体系

（1）推行工程量清单全费用综合单价，鼓励有条件的行业和地区编制全费用定额。

（2）建立多层级工程量清单。在现有工程量计算规范的基础上，制定多层级工程量清单项目划分规则，满足不同设计深度、不同复杂程度、不同承发包方式、不同管理模式的计量计价需求，赋予市场主体自主选择权。

（3）完善市场价差调整规则。适应综合单价计价管理需要，完善工程价款价差调整规则，推广价格指数调价法。开展指标指数体系研究，制定工程造价指数和指标测定规则，确定价格指数测算模型，定期发布价格指数，建立指标指数数据库。

（4）推行工程定额编制管理制度。明确国家、行业和地区造价管理机构的定额编制分工，明确基础定额、行业定额、地区定额的相互关系和作用，理顺专业划分、内容交叉和水平差异等问题；制定建设工程定额编制技术规则，统一定额项目划分、子目设置、定额编码、费用划分、工作内容等技术规则，并与工程量清单规范衔接；推广建设工程工料机编码数据标准，建立工程定额工料机数据库，逐步构建统一协调的工程定额体系。

（二）建立与市场相适应的工程定额管理制度

（1）建立工程定额全面修订和局部修订相结合的动态调整机制；

（2）编制有关建筑产业现代化、建筑节能与绿色建筑等工程定额；

（3）鼓励企业编制企业定额；

（4）推进国家和地方工程造价管理立法。加强市场决定工程造价的法规制度建设，加快推进工程造价管理立法。

（三）完善工程全过程造价服务监管机制

（1）完善建设工程价款结算办法；

（2）将竣工结算书作为竣工验收备案文件，化解结算难的问题；

（3）发挥造价管理机构专业作用，加强对工程计价活动及参与计价活动的工程建设各方主体、从业人员的监督检查。

（四）深化行政审批制度改革

按照国家统一要求，深化行政审批制度改革，逐步下放行政管理权限，减少行政审批事项，简化行政审批流程，将不适宜由政府承担的职能，交由行业协会管理，并与协会划清管理权限。加强工程造价咨询企业跨省设立分支机构管理，打击分支机构和造价工程师挂靠现象。简化跨省承揽业务备案手续，清除地方和行业壁垒。

（五）建立全面绩效考核与激励机制

绩效考核包括从业人员考核和工程造价咨询企业考核两个方面，全面绩效考核是指从建设行政主管部门、造价协会、咨询企业三个层次分别建立绩效考核制度，既要从企业的角度又要从委托方的角度对从业人员进行绩效考核。

（六）加紧建设信用评价与管理体系

工程造价咨询企业的信誉和从业人员的诚信度是行业成熟度的体现。各级造价协会应通过计算机网络技术与数据库技术，建立业内企业与从业人员的信用体系，对企业进行信用等级评级，作为考核企业的主要指标，并将较高的信用等级作为业内企业与从业人员申请新资质（资格）的必要条件。同时，还需要对业内企业与从业人员的违规行为进行公示，必要时降级直至取消其资质（资格），给不诚信企业和从业人员以威慑。建立良好的执业环境和行业风气，提高行业的社会形象。

二、引导企业制定发展战略

工程造价咨询企业应根据自身具体情况，确定各自的细分市场和正确的战略定位，在特定细分市场获得竞争优势。在进行专业化咨询服务的同时，应强化品牌意识和服务意识，提高服务质量，不断扩大行业影响力。积极拓展新的咨询业务领域，进行业务创新和服务创新，不断提高市场竞争能力。

建设项目可以划分为房屋建筑、公路桥梁、铁路隧道、水利水电、机场港口等，而国内的工程造价咨询企业绝大部分都是集中在某一行业，跨行业的综合性业务从事较少，而这些行业技术上有很多相似性，不同的企业应根据自身优势，进入不同工程领域开展咨询服务，提高企业的抗风险能力。

三、优化行业组织结构

（一）鼓励大型企业向多专业综合型咨询服务发展

1. 企业规模化

（1）工程造价咨询企业间建立联盟。为了适应市场需求，工程造价咨询企业之间可以建立联合体承担工程咨询业务。工程造价咨询企业可以根据自身条件联合其他企业，弥补自身不足，提高企业的整体竞争力。

（2）联合上下游企业，纵向构建战略联盟。与上下游企业建立稳定的业务关系，纵向构建战略联盟，各取所需、共同进步。

（3）联合其他相关行业企业，比如会计师事务所、保险公估公司等。利用与会计师事务所的关联性，互相补充，协同发展；与保险公估公司关联，参与保险理赔对损毁项目的造价评估，获取更多的造价咨询市场。

2. 服务多样化

（1）全过程咨询。全过程咨询是指建设项目策划决策、建设实施、运营维护阶段所涉及的造价咨询业务。这样既减少了需要全过程委托咨询的业主搜寻工程项目不同阶段的造价咨询服务的成本，又减少企业寻找不同阶段业务的成本，节约了供需双方的交易费用。

（2）价值顾问。工程造价咨询业务涉及项目管理中非常重要的经济分析，以成本最小化或者价值最大化为原则，为项目价值提供增值服务，应成为综合型企业的核心业务之一。

（3）精细化业务。发展精细化业务，增强企业核心竞争力，以避免大型综合型企业大而不强的尴尬。

3. 执业规范化

（1）建立健全服务体系。大型综合型企业代表着行业发展的先进水平，承担着行业内企业标杆的作用，大型综合型企业有责任和义务健全企业服务体系，提升行业市场认可度。

（2）完善企业计价依据。完善企业计价依据是企业标准化和规范化的必经之路，标准化和规范化是大型综合型企业保持规模化的基石。

（3）提升执业能力和品牌价值。大型综合型企业的发展要注重长远利益，品牌是一个优秀企业的诠释。企业良好的执业能力和执业信誉有利于提升企业的品牌价值；反之，企业在执业能力和信誉上表现不佳，会造成企业品牌价值的严重下降，甚至毁灭。

4. 面向国际化

（1）推进国际趋同战略，实行全费用单价。目前国内造价咨询行业由于传统习惯以及其他原因，在计价方式上采用的并不是国际上通用的全费用单价的计价模式，具体如表6-1所列。大型综合型企业要走向国际，就必须适应国际化的计价方式，实行全费用单价，实现与国际接轨。

造价咨询业务目前计价方式与国际计价方式对比　　　　　表6-1

造价咨询业务	计价方式	国际化计价方式
投资估算	全费用	全费用单价
概算	全费用	全费用单价
概算	定额直接费 + 取费	全费用单价
预算	定额直接费 + 取费	全费用单价
工程量清单	非完全综合单价	全费用单价

（2）加强合资合作。随着国内造价咨询行业的发展，一些大型综合型企业走向国际，参与国际市场竞争是企业可持续发展的必然趋势。目前具备走向国际的大型企业较少，如果选择直接与国际大型咨询公司交锋，势必处于劣势。可通过国外资本的注入打造成合资企业，或者与国际咨询公司组成联合体或者其他方式合作进入国际市场。

（二）鼓励中小型企业专精发展

对于中小型企业，在行业细分市场中找准定位，向专精方向发展，凸显自身的比较优势，从而能在某一细分市场中找到企业的核心竞争力，保证企业顺利成长。

四、重视企业核心竞争力的培育

（一）转化咨询成果为知识产权

知识是无形的，是知识方面和智慧方面的财产。工程造价咨询企业是智力和知识密集型企业，工程造价咨询企业对知识的获取、共享、应用及创新是主导企业成败的重要条件，是增强企业核心竞争力的关键性因素。工程造价咨询企业对知识的保护即对知识产权的明确和保护，对于以知识为核心竞争力的工程造价咨询企业来说，知识产权的保护具有举足轻重的意义。但由于知识产权本身的特性（看不见、摸不着）、知识的公用性等，保护起来并不容易。

工程造价咨询企业的知识很大一部分凝结在咨询成果之中。要保护产品中的知识，首先要明确咨询产品的知识属于哪一方或者双方共有，其次要在咨询服务协议中明确规定咨询成果中知识的使用范围。通过协议明确咨询成果中知识的产权归属和使用范围，即把咨询成果转化成知识产权并加以保护，从而减少知识泄露的风险，强化自身核心竞争力。

（二）实现产品差异化

核心竞争力是指企业特有的、其他企业不能模仿的独特能力。企业要形成这种能力就要在产品、服务、营销等方面形成差异。产品差异化是为使企业产品与竞争对手产品有明显的区别，而形成与众不同的特点而采取的一种战略。这种战略的核心是取得某种对顾客有价值的独特性，从而培养客户对企业的忠诚，形成强有力的产业进入障碍，并增强同客户的讨价还价能力，降低替代品的竞争性。例如，由第五章相关分析得出的 2014 年增长速度最快的是工程造价经济纠纷的鉴定和仲裁，由此看出，工程造价经济纠纷的鉴定和仲裁需求量较大。因此，我国工程造价咨询企业可以根据自身优势以及市场需求的变化进行适当的调整。

（三）吸引和凝集高端人才

对咨询企业而言,其核心竞争能力必须建立在拥有优秀咨询人员这个基础上。对进入造价工程师队伍的专业人员的要求要不断提高，形成较高的行业"门槛"，使造价工程师成为一个具有较强竞争能力的职业。

五、重视企业信息化建设

（一）加速工程造价管理信息化和网络化建设

信息是咨询工作最重要的支撑条件之一。工程造价咨询企业应努力做好工程造价管理信息化、网络化方面的工作，尽快建成造价信息库，加快企业信息网的建设。如咨询案例数据库、经营服务信息网、咨询顾问专家数据库等。要利用信息化加强企业资源的积累，如利用决策系统、专家系统等及时进行数据分析和积累，利用知识管理系统将企业从业人员知识从"隐性"转化为"显性"，成为企业的知识，加强群体知识经验的积累、共享、交流，运用集体智慧适应市场需求。

（二）BIM 技术的推广

BIM 技术的核心价值在于多维的数据集成、信息共享、各方协同，能够实现模拟设计、建造和工程管理，提高管理绩效。BIM 技术将改变工程计价方法，特别是工程量计算方法；将助力工程项目各阶段工程造价的集成管理；使工程变更对造价的影响，更易于分析，决策更快捷；使工程计量支付和工程结算变得更快捷；使工程计价信息的获取、传递、积累更容易；BIM 技术的应用有助于实现造价管理的可视化、动态化。

（三）云技术的应用

（1）云计量。一是现代建设工程分工的专业化、精细化和协作化；二是由于建筑单体的体量大、多样性，其三维信息量非常巨大；三是智能建筑、节能等专业工程越来越复杂，这将使繁杂和重复的工程计量工作协同、合作完成。

（2）云询价。新型建筑材料和设备的不断出现，市场价格的瞬息万变，使造价工程师准确掌握庞大工程计价信息越来越难。准确的要素消耗量和要素价格信息的获取将成为制约造价工程师工作成果质量的瓶颈，所有这些可通过云询价实现。造价工程师、材料设备供应商将工程计价拥有或所需的要素消耗量和要素价格信息置入"云端"。信息服务商集成和管理这些信息，又为需要的造价工程师提供云服务，实现多人协同，双向互惠。

（3）移动终端。随着云技术的不断推进和移动终端的创新发展，可以实现现场或远程快速完成进度款支付、变更计价等工作。

第三节　行业发展展望

一、深化工程造价管理制度改革

（1）完善国有投资工程全过程造价管理制度。严格国有投资工程计价、计量依据的管理，大力推行国家工程量计算规范，有效约束国有投资工程的发包行为。强化标前造价控制，加强工程招标控制价的监督检查，依法查处高估冒算、恶意低价等违法违规行为。建立施工过程价款调整与支付监督制度，加强中标结果的执行力度，防范工程款的拖欠，规范结算行为。

（2）改进工程造价咨询市场准入制度。完善资质标准，放宽造价咨询企业准入门槛，消除地方、行业壁垒，简化跨省承揽业务备案手续，进一步提高全国工程造价咨询市场的开放程度。全面推行资质资格电子化评审，简化申请材料要求，实现资质资格申报、审批、备案全过程公开透明。

（3）改革工程造价执业资格制度。建立健全执业考评机制，实施造价工程师交由行业协会管理，完善造价专业人员执业队伍制度建设。强化造价专业人员水平测试，创新专业人员继续教育模式，形成多层次的继续教育体系。

（4）完善工程造价监督管理机制。发挥工程造价管理机构的专业作用，加强对工程计价活动及参与计价活动的工程建设各方主体、从业人员的监督检查。强化执业主体责任，建立企业和人员的追责机制，建立工程造价咨询成果质量检查制度和信息公开制度，鼓励社会力量参与监督，通过行政执法、行业自律、社会监督逐步完善工程造价行业监管体系。推广在线监管，鼓励通过互联互通的综合性平台实施动态监管。

（5）创新工程造价纠纷调解机制。适应推进司法体制改革的有关精神，充分发挥行业协会在纠纷调解中的基础性、专业性优势，研究并制定建设工程造价领域案件调解规则。鼓励以工程造价管理机构联合行业协会成立专家委员会的方式进行造价纠纷专业调解，提高纠纷解决效率。

二、推进以造价管理为核心的全面项目管理

依据国家法律法规和建设行政主管部门的有关规定，对建设工程实施以造价管理为核心的全面项目管理。以工程造价相关合同管理为前提，以事前控制为重

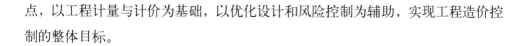
点，以工程计量与计价为基础，以优化设计和风险控制为辅助，实现工程造价控制的整体目标。

（一）继续推行全过程造价管理

工程造价咨询最重要的两个方面就是全过程和动态控制，发展全过程工程造价咨询在我国应作为与国际惯例接轨的一部分来重视。工程造价咨询人员肩负着对工程造价全过程控制的重任，应尽快总结出一套完整的全过程工程造价控制与管理方法，且控制的重点应转移到项目建设的前期，即转移到项目决策和设计阶段。通过开展全过程管理，可以有效提高企业竞争力，增强企业在市场上的竞争地位和影响力，实现企业利益最大化和可持续发展。

（二）积极开拓全要素造价管理

从未来发展趋势看，造价工程师的执业领域将从传统的建筑业扩展到以建筑业、房地产业以及其他投资领域为主，涉及银行业、保险业等金融服务行业以及法律税务等部门，其工作内容也将从工程造价的分析、管理与核算这种单一的工作内容扩展至包括工程合同管理与法律事务服务、工程项目管理服务以及为保险业提供工程索赔理赔金额计算、为仲裁机构或法律部门提供有关工程造价方面的权威性裁决意见等纠纷调解、排解服务。

（三）有选择地开展全寿命期造价管理

全寿命期造价管理是指对建设项目的策划决策、建设实施、运营维护阶段的所有成本进行全面分析和管理。全寿命期造价管理要求各方主体在建设项目的各个阶段都要从全寿命期角度出发，对造价、质量、工期、安全、环境、技术进步等要素进行集成管理。但是因项目运营阶段的成本、费用影响因素较多，且难以预测，其模型的建立十分困难，因此应有选择地开展。

三、打造一批国际性顾问咨询公司

（1）打造行业领军品牌企业。推动大型造价咨询企业做大做强、引导中小企业做专做精，形成业务领域各有侧重、市场定位各有特色、业务竞争公平有序的合理布局。鼓励工程造价咨询企业优化重组、强强联合，提升品牌影响力。研究制定扶持政策，培育一批造价咨询行业领军企业。

（2）培育工程造价咨询企业"走出去"的能力。积极开展工程造价咨询企业国际化战略及国际工程项目管理咨询模式研究，积极参与国际规则和标准的制定，对工程造价咨询企业国际化发展给予政策引导和支持。培育领军企业"走出去"的能力，以"一带一路"、"能源全球互联网"等为发展契机，鼓励企业开拓国际市场。

四、加强工程造价咨询行业领军人才队伍建设

工程造价咨询行业是智力密集型产业，人才是核心要素，是咨询业持续发展的动力源泉。领军人才队伍对工程造价咨询企业的作用不言而喻。

（1）制定培养方案及管理制度，搭建领军人才施展才能的平台，充分发挥领军人才作用，强化行业领军人才队伍建设，助推行业高层次专业人才培养和认证，实施专业"领军人才"计划，引领行业人才发展战略。

（2）建立工程造价咨询行业领军人才选拔机制和健全工程造价咨询行业优秀人才表彰机制，规范比选程序，创新比选方法，推动地方和国家层次表彰的衔接。力争到2020年，培育一支高素质的工程造价咨询行业领军人才队伍，引领行业健康发展。

五、加强行业协会内生动力建设

内生动力是指因组织内部生存发展需要而产生的自发动力。造价行业协会应以提升协会服务能力为基础、完善协会体制建设为保障、提升行业公信力为动力，加强行业协会内生动力建设。

（一）完善协会体制建设

逐步构建与政府新型合作关系，形成"政、协分开，自主管理"的体制机制，健全协会内部管理制度。鼓励协会参与制定法律法规、标准规范、政策研究和行业统计等事务。建立和完善行业协会法人治理结构，健全行业协会章程审核备案

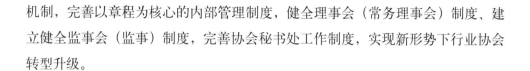

机制，完善以章程为核心的内部管理制度，健全理事会（常务理事会）制度、建立健全监事会（监事）制度，完善协会秘书处工作制度，实现新形势下行业协会转型升级。

（二）提升协会服务能力

建立健全信息化工作制度，研发 ERP 系统，为行业管理和会员企业承揽业务提供便利。组织会员广泛开展业务培训、科技推广、经验交流等活动，与其他国家和地区开展国际交流与合作，共同参与国际论坛，了解国际规则，学习先进做法，推动行业发展。推荐行业资深会员和优秀造价工程师参与海外项目，注重发展海外会员，加强造价工程师同海外测量师的资格互认，逐步与国际化接轨。

（三）提升行业公信力

鼓励协会开展社会信用评价，协助造价管理机构制定科学合理的信用评价标准，推进诚信数据库、工程造价行业信用等级分类管理和诚信执业信用档案建设，解决工程造价咨询市场恶意压价竞争、随意挂靠资质等问题。积极营造诚实守信的市场环境，最大限度地发挥会员在行业服务、监督、管理、协调中的主体作用。增强社会公众对工程造价行业和工程造价咨询业的了解，使人们真正了解工程造价行业在建设领域发挥的重要作用，提升行业形象和社会认知度。

六、积极承担社会责任

社会责任是企业利益和社会利益的统一，企业承担社会责任的行为，是维护企业长远利益、符合社会发展要求的一种互利行为，可以为自身创造更为广阔的生存空间。企业承担一定的社会责任，虽会在短期内增加经营成本，但无疑有利于企业自身良好形象的树立，提高企业的社会认知度，形成企业的无形资产，进而形成企业的竞争优势，最终给企业带来长期的潜在利益。

第七章

工程造价咨询行业诚信体系建设专题报告

第一节 诚信体系建设模式分析

一、诚信体系建设模式

我国工程造价咨询行业诚信体系建设应坚持政府引导，行业组织牵头，企业广泛参与，由住房和城乡建设部统一部署，负责信用信息的统一管理工作，省级住房和城乡建设主管部门应当指定专门机构负责本省级信用信息管理工作，中价协协助实施，各省级其他管理机构和协会负责辖区内信用档案的建立与信用评价工作的开展，同时，建立与工商、税务、社会保障、金融、建筑市场管理等机构的协同工作制度，形成联合机制和监管合力，最终实现与全国诚信体系的衔接、共享。我国工程造价咨询行业诚信体系建设模式如图 7-1 所示。

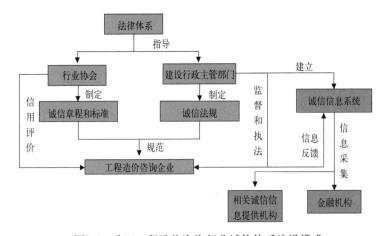

图7-1　我国工程造价咨询行业诚信体系建设模式

我国工程造价咨询行业诚信体系建设模式是以诚信法律为基础，诚信奖罚机制为保障，诚信信息管理系统为平台，信用评价为手段。

（一）诚信法律体系

建立工程造价咨询行业诚信体系要有法律保障，各地建设行政主管部门要根据国家有关诚信法律法规，制定与工程造价咨询行业诚信体系相配套的部门规章和规范性文件，使诚信体系的建设和运行实现制度化、规范化，具体内容包括对诚信信息的采集、整理、应用和发布，对诚信状况的评价，对征信机构的管理，特别是对存在失信行为的主体进行适当的惩罚等。建设行政主管部门应加大研究力度，有针对性地建立和完善诚信法律体系，加快建设工程造价咨询行业的诚信法规制度，以及加强对诚信体系建设的指导。

（二）诚信奖惩机制

诚信奖惩机制是对守信者进行保护，对失信者进行惩罚，发挥社会监督和约束的制度保障。各地建设行政主管部门要将诚信建设与工程造价咨询行业的业务相结合，逐步建立诚信奖惩机制，不得利用诚信奖惩机制形成地方保护，杜绝新的壁垒。对于一般失信行为，要求对相关单位和人员进行诚信法制教育，促使其知法、懂法、守法；对有严重失信行为的企业和人员，要会同有关部门，采取行政、经济、法律和社会舆论等综合惩治措施，对其依法公布、曝光或予以行政处罚、经济制裁；行为特别恶劣的，要坚决追究失信者的法律责任。同时，还要出台对诚实守信的企业给予鼓励的政策和措施，加大正面宣传力度，使工程造价咨询行业市场形成诚实光荣和守信受益的良好环境。

（三）诚信信息管理系统

完善的诚信信息系统是诚信体系的基本组成部分，是建立工程造价咨询行业市场诚信体系的基础性工作。一个完整的诚信信息系统应能够确保诚信信息搜集、整理和及时准确地实现共享。在现有诚信档案系统的基础上，首先在全国各直辖市、省会城市、计划单列市以及其他一些基础条件较好的地级城市设立试点，使其在诚信信息平台的建设方面起到示范和带头作用；再逐步将区域间的诚信信息平台实现互联，以点带面、稳步推进，逐步实现全国联网，构建全国性的建筑市场诚信信息平台，并在相关网站上设立诚信信息交流、发布的窗口，逐步实现诚信信息的互通、互用和互认。

（四）信用评价体系

建立工程造价咨询行业诚信体系还需要依据整顿和规范工程造价咨询行业市场秩序的实际需要，建立信用评价指标体系和办法。针对当前工程造价咨询行业市场中存在的突出问题，依据国家有关的法律、法规及相关政策，本着适用性原则、层次性原则、可操作性原则等，建立工程造价咨询企业的信用评价体系，重点评价工程造价咨询企业及从业人员的诚信行为。在建立工程造价咨询行业信用评价体系之后，各省可根据本地区实际情况对诚信标准进行细化，同时，应确保信用评价体系的推广和实施过程中的公正、公平，建设工程造价管理协会开展工程造价咨询企业信用等级的评定工作，并将相关信息在诚信信息平台上向全社会发布。

二、诚信体系构建

工程造价咨询行业诚信要通过行业自律、政府监管和社会监督三个层面综合推动，以构建工程造价咨询行业诚信体系。

（一）构建工程造价咨询行业自律体系

随着社会主义市场经济发展和政府职能转变，中价协的独立性、民主性、自律性、规范性不断增强，其作为工程造价咨询企业代言人的地位逐步确定，发挥了联系政府和企业的桥梁和纽带作用。出于维护工程造价咨询行业市场秩序的需要，构建工程造价咨询行业自律体系能够有效地填补市场难以调节、政府难以管理到位的行业管理空白。

（二）构建工程造价咨询行业政府监管体系

目前，工程造价咨询企业及工程造价专业人员的执业水平、职业道德等参差不齐，对其的管理与监督机制亦不健全，进而影响工程项目参建各方的合法经济权益，影响整个建设市场的秩序。因此，通过政府部门加强对工程造价咨询企业诚信监管，规范工程造价咨询企业的行为，对发展健康的工程造价咨询业具有重要的现实意义。

（三）构建工程造价咨询行业社会监督体系

社会监督作为异体监督方式，是构建完整工程造价咨询企业诚信监督体系，保障委托方利益，提高咨询企业业务能力，推进工程造价咨询业健康发展的有效保障。健全的社会监督体系是工程造价咨询企业创建良好的企业诚信口碑以及形象的天然媒介；对于委托工程造价咨询企业的业主而言，完善的社会监督体系是其及时反映问题、了解所委托方信用情况的最佳渠道。

三、工程造价咨询市场主体各方在诚信体系建设中的职责

工程造价咨询行业诚信体系的建设需要主体各方，即政府主管部门、建设工程造价管理协会、工程造价咨询企业、工程造价咨询从业人员、工程造价委托方共同参与。

（一）政府主管部门在诚信体系建设中的职责

中央政府应积极推进诚信立法，制定和完善维护工程造价咨询行业诚信经营的法规体系，出台并下发诚信体系建设的文件，全面部署诚信体系的建设，地方政府依据国家法律法规制定和实施符合地方特点和发展状况的行政法规和政策，并严格执法监督；政府主管部门应建立严格的惩戒机制，有力实施诚信奖罚措施，加大失信成本和执法力度，依法惩处失信行为；政府主管部门应构建统一的诚信管理服务平台，制定配套的诚信档案查询、管理和动态更新制度，实现各系统数据的共享；政府主管部门应在工程造价咨询行业主体各方的协同方面，发挥正确的引导作用。

（二）行业协会在诚信体系建设中的职责

行业协会应制定诚信体系总体框架和具体方案，包括提出诚信体系建设

的模式，近、中、远期的工作计划和具体开展措施；行业协会应建立行业内部监督和协调机制，建立自律管理体系，搭建以会员单位为基础的自律信息平台，加强对会员单位及从业人员的动态监管，推动工程造价咨询企业品牌工程的建设，支持和鼓励诚实守信企业做大做强；行业协会探索并大力开展工程造价咨询行业的诚信教育活动，教育和宣传大力倡导正确的诚信理念，增强企业及从业人员的守法守信的观念；行业协会要根据国家相关法律法规，制定和实施适合工程造价咨询行业的诚信规章制度和信用标准；建立健全的工程造价咨询行业信用评价体系，对企业定期开展信用评级工作，并向社会公布评价结果。

（三）工程造价咨询企业在诚信体系建设中的职责

工程造价咨询企业应制定自身的诚信行为准则，对员工日常行为提供明确的要求和指导，为推行企业诚信内部制度化提供有效措施；企业应成立专门的诚信督查小组，对涉及企业诚信经营的各方面、各部门进行常规督查和定期督查；工程造价咨询企业必须严格遵守法律法规以及协会制定的诚信规范和信用标准，加强对企业员工的诚信教育和培训，将诚信作为企业员工职业道德教育的重要内容，营造企业各层人员讲诚信的氛围，并确定以诚信为本的企业文化和核心价值观；工程造价咨询企业在经营过程中应秉持社会责任感，在追求经济利益谋取生存和发展的同时，还应注重社会效益，积极响应政府主管部门和建设管理协会的工作，树立高度的社会良知和社会责任感，增强诚信的服务意识，提高咨询质量和服务水平。

（四）工程造价咨询从业人员在诚信体系建设中的职责

工程造价咨询从业人员必须诚信执业，杜绝不诚信的行为并勇于批判，积极参加诚信教育与培训活动，遵守法律法规和相关的诚信规章制度；工程造价咨询从业人员应以专业知识和技能为基础，同时具备与工程造价相关的自然科学、社会科学等多领域的知识，具备较高的分析能力和敏锐的市场洞察力，提高诚信意识，避免因专业知识的缺乏导致不诚信的行为。

（五）工程造价咨询委托方在诚信体系建设中的职责

工程造价咨询委托方在进行咨询业务中应遵守法律法规及诚信准则，并遵循市场规律，咨询方应按照合同向工程造价咨询企业提供完备的资料，不以谋求不正当利益为目的去干预造价咨询业务，进而损害第三方合法权益；工程造价咨询委托方应在公平客观的基础上，积极配合相关部门完成工作，对工程造价咨询企业的服务质量及其诚信情况进行如实的反映。

第二节 自律体系的构建

一、自律机制的建立

完善的自律机制是行业协会发挥行业自律管理职能的基础。工程造价咨询企业应该在行业协会进行诚信信息备案，并且通过诚信标准对自身的生产经营活动进行约束，发挥行业组织专业性和行业自律的特点。建设工程造价管理协会应建立工程造价咨询行业诚信信息公开机制，最大程度上消除交易双方信息不对称的状况。在实际中，市场中大多数交易都存在供求双方信息不完全和信息不对称的情况，双方在此情形下进行动态选择，一方在信息拥有上处于优势位置，另一方处于劣势位置。在企业和消费者的交易中，企业往往处于信息优势者的地位，而消费者则是信息劣势者，企业可能通过隐蔽行动的手段转移风险，有些甚至直接利用其信息优势采取失信行动剥夺消费者的利益。因此，最大限度地降低企业和消费者之间信息不对称的状况，是阻断企业失信动机的关键。

针对交易双方对诚信信息的不了解，无法确定与之交易的工程造价咨询企业是否存在诚信问题，从而不能做出准确判断。因此，行业协会应对企业的各项经营活动都及时进行登记，通过完整的工程造价咨询行业档案，建立企业诚信信息公开机制，使企业的诚信记录可以被有需要的群体使用。披露企业诚信状况的同时，也要保护企业的商业机密，在公开企业信用信息的同时，必须有配套的条文明确企业公开信息与商业秘密的界定，这样既能提高工程造价咨询企业诚信信息透明化，又能避免自身利益受到损害。

二、信用评价机制的建立

（一）工程造价咨询企业信用评价平台的搭建

本研究认为应由中价协在住建部的指导下，完成全国统一的工程造价咨询企业信用评价平台的搭建，如图 7-2 所示。

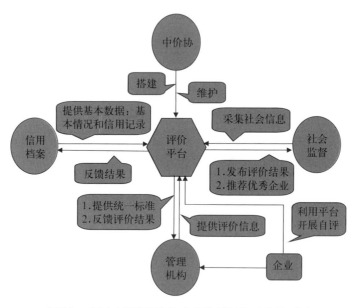

图7-2　我国工程造价咨询企业信用评价平台关系图

中价协负责工程造价咨询企业信用评价平台的搭建与维护，负责企业信用评价的组织和管理工作，具体工作由中价协信用评价委员会独立实施，通过利用建设行政主管部门、工程造价咨询企业信用信息系统和社会信息的采集等提供的企业基本情况及信用记录信息，对工程造价咨询企业进行信用评价，用于评价企业承接业务、企业宣传、办理执业保险，并将评价结果反馈到信用信息系统和相关管理部门，同时向社会公示评价结果，接受社会监督，公示期不少于 10 个工作日。工程造价咨询企业还可以利用信用评价平台开展自评工作，促进工程造价咨询企业诚信行业自律体系的建设。

（二）工程造价咨询企业信用评价指标体系的构建

目前，我国各省开展工程造价咨询企业信用评价的等级、标准设置不同，无法给人在直观上带来统一的辨识，致使工程造价咨询企业的评价结果仅限于本地区内的使用，无法实现信息互通共享。本研究在借鉴其他行业信用评价指标体系的基础上，结合我国工程造价咨询行业的实际情况，遵循适用性、层次性、科学性、可操作性、定性分析与定量分析相结合五项原则，构建了工程造价咨询企业信用评价指标体系，从工程造价咨询企业的企业素质、执业人员素质、执业行为、社会评价、财务状况、信用保障与信用记录、企业特色分析七个方面对工程造价咨询企业进行信用评价，并按照评分制，动态控制确定名额的原则，将工程造价咨询企业信用评价等级分为 AAA（信用很好，综合实力很强）、AA（信用好、综合实力强）、A（信用较好、综合实力较强）、B（信用一般）和 C（信用较差）三等五级。

（三）工程造价咨询企业信用评价实施主体的选择

在工程造价咨询企业信用评价的启动期，需要行业协会的支持，甚至直接参与。行业协会是独立、客观、公正，符合市场化运作机制的社会组织，在短时间内，依靠行业协会的推动可以保证信用评价工作有序地进行，并且行业协会能够很好地把握工程造价咨询企业的特点和现状，在运行机制和指标选择上更具有科学性、可操作性和准确性。与此同时，还要组建或引入第三方信用评价机构，逐步引导第三方机构参与信用评价。

在工程造价咨询企业信用评价的发展期，随着工程造价咨询企业信用评价机制的不断规范，企业诚信经营意识也得到了提升，行业协会将从具体的信用评价工作中逐步退出，由直接参与向指导性参与转变，在宏观经济方面把握工程造价咨询市场发展方向，以第三方信用评价机构为主对其进行信用评价，采取市场化运作形式，稳健地开放征信市场。

在工程造价咨询企业信用评价的成熟期，已形成了具有权威性的市场化运作的第三方信用评价机构，并依靠市场竞争规则构建出符合市场规律的工程造价咨询企业信用评价体系，第三方信用评价机构将成为工程造价咨询企业信用评价的实施主体。

第三节　政府监管体系的构建

一、完善监管法律法规体系

健全的法律法规体系是建设行政主管部门监管工程造价咨询行业诚信的主要依据，是行业市场机制有序运行的根本保证。目前，国务院相关部委制定的涉及工程造价咨询管理的部门规章量大面广，各省、市制定的相关实施细则也不尽相同，不利于跨地区、跨行业的竞争。因此，国家应统一组织，依照《行政许可法》对各部委、各省市制定的各种政策法规进行彻底的清理，该合并的合并，该取消的取消。对与现行国家法律有抵触的，或是有碍于市场公平竞争的要立即废除，对有利于主管部门对建筑市场进行有效监管的政策要进行修改、调整，使政府行业主管部门对工程造价咨询市场的管理逐步走上宏观调控和依法管理的轨道。本研究认为还应建立工程造价咨询行业诚信相关的制度框架，发布《加强工程造价咨询行业信用体系建设的指导意见》，明确工程造价咨询企业诚信体系构建的方案、具体实施步骤和行政主管部门、行业组织、地方的职责等，为全面组织实施信用体系建设提供政策依据。

二、建立征信管理系统

建设行政管理部门应该以先进的计算机技术和通信技术为主要内容，充分利用现有网络资源，建立一个完善的征信管理系统，如图7-3所示，建立信息的查询、披露和使用制度，并在信息交流、业务管理的基础上实现科学管理和决策支持，实现工程造价咨询企业信用信息资源互联互通、互认共享，解决管理机构与企业信息不对称的问题，全面推进工程造价咨询行业诚信体系建设。

住建部负责开发"工程造价咨询行业诚信征信管理系统"，并通过整合现有工程造价咨询企业管理系统、造价工程师注册管理系统、工程造价咨询统计报表系统等，建立和完善工程造价信用档案，省级管理机构按照管理权限，采集、汇总信息，认真核实，完整、准确、及时地记录企业和个人在工程建设市场中的信用信息，建立和完善所属地区信用档案。

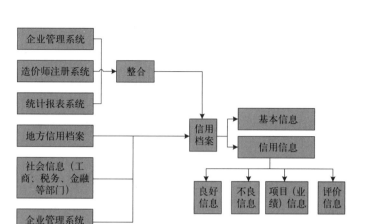

图7-3 工程造价咨询企业信用档案构成图

三、引导行业建立自律管理体系

建立工程造价咨询行业诚信自律制度，即工程造价咨询企业及人员的行为受到自律以及外界的约束，从而使工程造价咨询行为趋于规范，使造价工程师自觉地不断提高自己的专业素质和技术水平。随着政府职能的转变，工程造价咨询企业自律管理的工作将主要由行业协会负责。政府建设行政主管部门应积极引导工程造价咨询企业和行业协会建立自律管理体系，通过出台相关政策和制度，加强行业诚信自律管理，不断完善自律管理章程、标准和规范。

第四节 社会监督体系的构建

一、客户监督

（一）完善信息发布制度，确保信息互动

在完善工程造价咨询企业的社会监督信息互动机制的过程中，有关政府部门及行业协会应建立完善的信息发布制度，并监督协助咨询企业制定诚信服务反馈机制，包括咨询服务成果评价、人员服务水平、客户忠诚度（主要以问卷形式），便于咨询方对造价咨询企业的服务态度、及时性、技术水平进行评价，进而形成各企业诚信情况的证明材料；同时，监管部门应根据反馈信息及各企业的表现，

动态地将这些情况通过各种渠道告知广大公众；相应的，作为被监督者，各企业间也应积极相响反馈意见，并定期进行信息交流，提高诚信服务质量。

（二）建立媒体联络站点（热线、网站版块），确保信息透明化

与工程造价咨询相关的管理部门应在掌握业内各企业诚信情况的前提下，将已有信息公开发布，帮助咨询方挑选合适的造价咨询企业。社会公众也拥有对有关诚信信息的知情权和请求权，管理部门要积极响应，通过网站、报刊等媒体平台，让公众了解行业动态、企业诚信状况，以便进行有效积极的社会监督。

（三）安排合理的工程造价咨询行业社会监督方式

社会监督方式的最佳选择对社会监督过程的落实成果有着决定性的意义。监督方式不能仅限于发挥主体自身的监督优势，也应利用好有关监管部门提供的各类渠道。随着网络的发展流行，充分利用网络的信息源优势，进行电子监督也是有效的监督方式。

建立社会监督员制度，有条件的可以在各级人大代表、政协委员或其他德高望重的社会知名人士中聘请工程造价咨询行业诚信监督员，及时了解工程造价咨询企业的诚信状况。

二、舆论监督

舆论即多数人的共同意见，是一种事实或意见通过大众传播媒介的传播被广泛接受的状态。大众传播媒介可以是广播、电视、报纸、杂志、互联网等传播媒体，也可以是在大众中传播的意见和看法。本文的舆论监督主要包括传统的媒体以及公众的认识。

（一）与新闻媒体合作，建立全过程社会监督体系，健全广覆盖的社会监督机制

新闻媒体在舆论监督中发挥着带头作用，是舆论监督的主体。在我国，新闻媒体在公共服务监督过程中的影响力不断增强。针对因造价咨询企业不诚信导致

的业主损失事件做出报道和谴责，以特殊新闻文体和节目类型深入揭露工程造价咨询企业不诚信现象及问题，将发挥媒体的公开及时、传播迅捷、覆盖面广等特点，形成影响广泛的强大社会压力，快速产生特殊的监督制约效果。随着互联网时代的到来，网络监督在公共服务监督中也发挥了无可替代的作用。和传统媒体监督相比，网络监督具有其独特优势和强烈的时代特征，不仅受到社会公众的欢迎，而且也愈来愈得到政府的重视和应用。在网络世界里，人人都能成为监督者。近年来，我国不少涉及各类行业不诚信行为的事件都是首先通过网络曝光后，相关部门顺藤摸瓜才得以查处的。

但在大力进行舆论监督机制的同时，应注重度的把握，因为公众舆论具有趋从性和盲目性，很容易受到有心人的操控，产生不良的社会影响。

（二）加强社会对工程造价咨询行业的认识，确立以诚信为本的企业核心价值观

企业的社会责任，是指工程造价咨询企业作为社会活动中的分子单位，其行为需要放在社会的整体环境中进行综合考量。企业应秉承社会责任感，在追求经济利益以谋取生存和发展时，更应注重企业行为对社会造成的影响。由于咨询企业提供的服务直接关系到业主的利益，若在不诚信的状态下，会对业主带来严重的损失，造成恶劣的社会影响。因此，工程造价咨询企业和执业人员更应树立高度的社会责任感和职业道德，提供高质量的造价咨询服务。

三、第三方评价监督

在社会监督体系中的第三方评价机构主要指以提供信用服务产品为主的评价机构。信用服务产品是为满足信用服务市场有效需求，信用服务机构以合法有效的信用信息为基础提供的服务或产品。虽然社会中的第三方评价存在不少弊端，但其专业性、客观性、影响力是其他任何机构无法做到的。若能在政府及行业的指引监督下逐渐参与到工程造价企业诚信体系建设中来，具备社会监督功能的第三方评价机构必然能为工程造价咨询行业提供市场化、专业化、多样化的信用产品及服务，打造以诚信为本的工程造价咨询企业文化和核心价值观。

第五节　诚信体系建设执行计划

一、近期计划（2014～2015年）

（一）建设行政主管部门层面

各级政府建设行政主管部门，特别是中央政府建设行政主管部门是工程造价咨询行业诚信体系建设的管理者和监督者，"十二五"末期，建设行政主管部门在充分遵循依法监管、适度监管、成本效益以及直接监管与间接监管相结合的原则的前提下，应积极转变政府职能，着力推进工程造价咨询企业诚信体系建设，构建政府监管、社会监督和行业自律三方联动的管理模式，重点从以下几个方面推动诚信体系建设工作：

1.法规体系建设

在国家宏观行政管理体制改革不断深化的背景下，积极开展与工程造价咨询服务相关联的法律法规、政府规章、规范性文件的梳理工作，将诚信体系建设的内涵和原则纳入新的法规体系，为依法监管提供必要的手段。具体而言，应尽快制定发布《工程造价咨询行业信用体系建设指导意见》和《工程造价咨询行业市场主体信用信息运用管理办法》。

2.推进诚信体系建设标准化

积极总结现阶段工程造价咨询行业诚信体系建设的管理经验和先进方法，逐步将转为成熟的管理办法纳入行业标准和国家标准序列。

3.引导社会监督力量参与诚信体系建设

重点引导工程造价咨询市场相关主体和大众传播媒介参与企业诚信体系的建设，积极开展第三方信用评价试点工作，积极营造以诚信为本的工程造价咨询企业文化和核心价值观。

4.加速工程造价咨询行业诚信体系信息化建设

信息化既是工程造价咨询企业提升自身核心竞争力的要求，也是开展企业诚信体系建设的平台，通过信息化建设，可以为社会监督中的网络监督提供监督渠道和监督线索，及时披露工程造价咨询企业执业过程中的失信行为。

5.初步建立诚信体系建设协同工作制度

建设行政主管部门应与同级工商、税务、金融、建筑市场、招标投标及人力资源和社会保障等机构建立工程造价咨询行业诚信体系建设协同工作制度，形成联动机制和监管合力。

（二）中价协层面

作为全国工程造价咨询的最高行业协会组织，中价协是工程造价咨询行业诚信体系建设的推动者和实践者，应从以下几个方面开展诚信体系建设工作：

（1）制定《工程造价咨询企业信用评价办法》；

（2）制定《工程造价咨询企业信用档案管理办法》；

（3）组建全国性企业信用评价机构；

（4）开展全国性企业信用评价试点工作；

（5）向社会发布企业信用等级评价结果。

（三）省级协会层面

作为省域行政辖区范围内的行业自律工作的组织者，省级协会应从以下几个方面开展诚信体系建设工作：

（1）制定本地区《工程造价咨询企业信用评价办法》；

（2）制定本地区《工程造价咨询企业信用档案管理办法》；

（3）组建本地区企业信用评价机构；

（4）开展本地区企业信用评价试点工作；

（5）在省域行政辖区范围内发布企业信用等级评价结果。

二、中期计划（2016～2020年）

（一）建设行政主管部门层面

（1）构建较为完善的诚信建设法规体系，行业诚信体系由原来的直接监管为主过渡到以间接监管为主、直接监管为辅；

（2）形成较为完善的诚信建设标准体系；

（3）形成第三方信用评价与行业协会内部信用评价相结合的信用评价机制；

（4）初步实现工程造价咨询行业诚信体系建设信息化；

（5）建立较完善的诚信体系建设协同工作制度。

（二）中价协层面

（1）进一步完善《工程造价咨询企业信用评价办法》；

（2）进一步完善《工程造价咨询企业信用档案管理办法》；

（3）优化调整全国性企业信用评价机构；

（4）定期开展全国性企业信用评价工作；

（5）在行业主流媒体定期发布企业信用等级评价结果。

（三）省级协会层面

（1）进一步完善本地区《工程造价咨询企业信用评价办法》；

（2）进一步完善本地区《工程造价咨询企业信用档案管理办法》；

（3）优化调整本地区企业信用评价机构；

（4）定期开展本地区企业信用评价工作；

（5）在本地区主流媒体定期发布企业信用等级评价结果。

三、远期构想（2021年以后）

建立完善的诚信建设法规体系和标准体系，形成第三方信用评价为主、本行业协会内部信用评价为辅的信用评价机制，建立分工明确、执行有效的诚信体系建设协同工作制度，全面实现工程造价咨询行业诚信体系建设信息化，各级行业协会成长为行业诚信体系建设的重要推动力量。

第八章

新常态下企业发展战略专题报告

第一节　资本运营

一、企业对接资本市场形成竞争新优势

随着我国城镇化建设步伐的加快，工程造价咨询业在项目建设领域发挥着越来越重要的作用，行业自身也得到了迅速发展，但与国外工程造价咨询业相比，与我国的经济发展现状相比，还存在着较大的差距，主要表现在企业规模不够大、技术创新能力不够强，这与造价咨询企业没有充分认识到资本经营助力企业跨越式发展的重要性有一定关系，因此，咨询企业必须紧紧抓住资本市场对实体经济持续发力的战略机遇期，完成工程造价咨询企业与资本市场的无缝对接，形成企业发展竞争新优势：

（1）在资本的助力下，有助于咨询企业快速做强做大、做精做细；

（2）提升咨询企业公众形象和认知程度，扩大品牌宣传力和企业知名度；

（3）提升咨询企业管理规范度，尤其是财务管理规范度；

（4）增大咨询企业股权，提升咨询企业债权融资能力；

（5）增强咨询企业员工信心、公司凝聚力；

（6）咨询企业挂牌新三板、科技创新板、战略新兴板等资本市场可享受政府资金扶持。

二、资本运营路径

资本运营是以制度创新、产权转换为主要内容，以价值管理为主要形式的企

业经营活动。资本在流动与重组中才会增值，资本关注的是价值实现与创造。对造价咨询企业来说，股权和债权融资相对都比较困难，但企业技术创新、兼并重组、跨界经营都需要资金，而且非常迫切，资本需求与融资困难形成了强大反差，咨询企业资本运作需开拓广泛资本链接渠道，形成企业资本竞争新优势。

（一）互联网金融运作模式

造价咨询企业从事技术咨询服务，主要以人的智力资源为服务基础，没有土地、厂房和设备等生产型企业拥有的固定资产可供抵押，是行业公认的"轻资产"公司。一方面，几乎所有商业银行的贷款优先考虑抵押贷款；另一方面，银行贷款目录中根本就没有"工程造价咨询"这一行业。造价咨询企业一般属于民营、小微企业，难以形成较理想的财务记录，使得银行对这样的企业保障信贷资金安全的能力产生不了足够的信心，因而造价咨询企业直接从银行贷款较困难。

随着信息技术对各行各业的渗透，目前我国催生出一个新兴行业——互联网金融行业，如P2P网贷、众筹融资方式的普惠互联网金融平台，与传统融资方式相比，互联网金融借助网络平台，充分利用云计算、大数据、新一代搜索引擎等信息技术，在投融资领域展现出强烈的信息开放对称、低成本高效率、自主互动选择、时空灵活便捷等互联网特征。

工程造价咨询企业一般融资额度小、融资时效强、融资便捷性高等突出特性，与造价咨询企业融资需求有着天然的"适配性"。如某造价咨询企业承揽一项全过程跟踪造价咨询业务，执业期为三年，付款期在一年后支付，这给造价咨询企业带来了短期资金周转困难，于是公司在P2P网贷平台借款50万元，顺利渡过了资金短缺期；然后在客户资金到位后，企业将富余资金运作到P2P网贷平台进行投资，赚取了一定的投资收益。这样利用互联网金融优势解决造价咨询企业的融资难题，是造价咨询企业由生存型向发展型转变的重要支撑点，也是造价咨询企业跨越式发展的助推器。

（二）政府性引导基金运作模式

引导基金是由政府设立并按市场化方式运作的政策性基金，主要通过扶持创业型企业发展，引导社会资金进入创新、创业投资领域。引导基金本身不直接从事创业投资业务。引导基金的宗旨是发挥财政资金的杠杆放大效应，增加创业投资资本的供给，克服单纯通过市场配置创业投资资本的市场失灵问题。特别是通过鼓励处于种子期、起步期等创业早期的企业，弥补一般创业投资企业主要投资于成长期、成熟期企业的不足。如在《上海张江高科技园区科技孵化和加速发展扶持办法》中，针对在张江高科技园区注册的公司，到上海股权托管交易中心（Q板和E板）和新三板成功挂板企业，政府给予最高不超过160万元的一次性补贴。促进企业商业模式转型和技术创新。

（三）产业投资基金运作模式

产业投资基金简称产业基金，是符合中国经济发展客观需要的金融创新工具。产业投资基金是指"一种对未上市企业进行股权投资和提供经营管理服务的利益共享、风险共担的集合投资制度，即通过向多数投资者发行基金份额设立基金公司，由基金公司自任基金管理人或另行委托基金管理人管理基金资产，委托基金托管人托管基金资产，从事创业投资、企业重组投资和基础设施方面投资等实业投资"。产业投资基金募集对象比较广泛，既包括个人，又包括企业、外商等社会资本。在产业投资基金等资本的助力下，进行同行业企业重组和优化组合，提高行业组织集中度，优化造价咨询行业组织结构，避免造价咨询行业日益严重的恶性竞争态势继续恶化。

（四）私募股权基金运作模式

私募股权投资基金（Private Equity，简称PE），是指向特定对象不公开募集资金，投资于非上市股权，或者上市公司非公开交易股权，通过上市或者并购退出，获得高额收益的一种投资方式。

目前鉴于对工程咨询行业的良好预期，私募股权基金也逐渐进入工程咨询投资领域。如北京某公司创新运用私募股权基金形式募集私人资本投资，进行企业规模扩张和业务创新与转型发展，取得了市场扩大，技术水平提升的良好预期。

（五）对接 Q 板、E 板、新三板、科技创新板、战略新兴板运作模式

工程造价咨询企业属于轻资产公司，银行贷款较难，随着我国多层次资本市场的建立，Q 板、E 板、新三板、科技创新板、战略新兴板上市门槛相比主板较低，对上市企业资本、营业收入、盈利等要求条件不太高，非常适合造价咨询企业上市融资。如中德华建（北京）国际工程技术有限公司于 2014 年 12 月 9 日在上海股权交易中心挂牌，成为了造价咨询行业第一股。

第二节　运营模式创新

一、咨询企业一般扩张模式

（一）完全依靠自身发展，以开设分公司的方式进行扩张

该种模式的特点是造价咨询公司根据自身业务扩张或者战略布局的需要，选择分公司设立地点，并根据当地的要求履行工商注册、信息登记或者备案手续后，成立分公司。该种模式下，分公司既可以选择在当地直接招贤纳士，也可以选择从总公司委派人员进行管理。前者，有利于当地资源的利用，使总公司资源和当地资源更好地结合，但是，在执业风险防范和经营管理上较难全面掌控。后者，对原有资源的利用会更尽心尽责，在执业风险防范和经营管理上较易掌握，但是利用现有资源，发展会相对艰巨。

选择该种模式发展的优点是：无须经过复杂的发展程序，稳步发展，整个发展过程中局面易于控制，也能保持管理风格的相对统一，不会出现管理决策拉扯引起的效率低下问题；该种途径的缺点是进展相对缓慢，易受地域限制和政策限制。

（二）通过吸收合并进行的兼并扩张模式

该模式主要指工程咨询企业通过兼并其他企业实现规模的扩大，一般是较大企业吸收小企业，综合实力较强的咨询企业通过购买或者其他方式，将另一家造价咨询企业整体并入，并入后各企业原则上融为一体，实行一体化管理。

选择该模式的优点是：能较快解决业务人员短缺、网点不足的缺陷，快速地实现规模扩大，大企业可利用小企业的人力资源，而小企业则可分享大企业的资源优势，实现优势互补，资源共享，作为一个独立的经济实体，在人事、财务、执业标准、质量控制、人员培训方面都能实行统一管理，这种实质性的合并有助于真正意义上实现规模效应，形成竞争优势。

该模式的缺点是：因事前了解不够或者企业间文化差异过大，容易导致合并后各方不能真正融为一体，各自为政，同时兼并方必须具备一定的经济实力，常常需要出资（也有以股权置换等方式），前期投入资金量大，合并后的企业如过于庞大，会增加管理成本，如果合并事项的规模效应不能抵消该部分成本，合并将成为企业发展的负担。

（三）通过新设合并进行的联盟式扩张模式

在这种模式下，联合的各家咨询企业之间实力相差不大，可以是强强联合，也可以弱弱联合。联合后，各家企业有统一的名称。重要的是联合后企业在整体规模性指标和数据上，如收入、人员等，提升了对外的影响力和正面效果。但该模式由于只是一种相对松散的结合，所以规模效应往往也仅限于此。在内部管理上仍保持原有的独立性，相应的人、财、物等均不会发生变化。

这种模式的突出优点在于联盟公司的成员共享一个商标，获得更多的资质，有利于提升企业形象品牌。同时，实现成员机构间的软件、资料等信息的共享。成员之间不要求统一的管理模式和专业标准，各自保持自己的独立性和经营特色，可以满足成员企业对于个性化的保留需求。这种模式的缺点在于成员间的非实质性合并会产生跨区域的利益冲突，而且信息的共享具有一定的局限性，对执业质量的提升及规模效应的实现等不会产生实质性促进。

二、开启并购、重组新思路

成功的战略定位和商业模式转型促进企业持续发展，要实现工程造价咨询企业规模跨越式发展，必须在商业模式构建方面想办法、动脑筋。

（1）资产与资源重组。工程造价咨询企业主要以"智力资源"为企业核心资产，工程造价咨询企业经营应重视资源的支配和使用而非占有。在企业多元化咨询服务中，可以较快整合社会智力资源形成咨询联盟，以适应咨询方综合咨询服务市场需求，如由工程咨询企业牵头，与社会经济研究院、会计事务所、律师事务所等社会智力资源及资本联合，组建综合咨询联盟，适应政府 PPP 项目综合咨询需求，同时通过战略联盟等形式与其他企业合作开拓市场，获取技术，降低风险，从而增强竞争实力，获得更大的资本增值。

（2）产业链重组。与造价咨询企业上游规划设计、工程咨询、安全、环境评价、下游招标代理、监理、项目管理等工程咨询企业形成完整的大工程咨询产业链，形成强大的咨询联盟集团，提升企业技术竞争新优势，如中南建筑设计院股份有限公司、湖北省交通规划设计院、湖北省工程咨询公司、湖北设备工程招标有限公司、湖北省成套招标有限公司、湖北省安全环境技术科学研究院有限公司、湖北省城建设计院有限公司、中南工程咨询设计集团投资开发有限公司、湖北省发展规划研究院有限公司组建成的中南工程咨询设计集团，将咨询上下游企业人才、技术优势组合在一起执业，形成强大的咨询技术团队。

三、打造平台型企业，共享经济已成为越来越多企业商业新生态共性选择

在当前"互联网＋"模式和平台经济盛行的时代里，造价咨询企业借助互联网技术打造造价咨询行业专业型共享经济交易平台，这是造价咨询行业变革的一种尝试。创立造价咨询业务交易服务网站是基于互联网担保交易模式的造价咨询服务交易平台。网站参照《招标投标法》、《建设招投标实施条例》设计开发，采用公开招投标、第三方担保交易模式。帮助工程投资业主寻求高质量造价咨询人员，节约人力资源成本，快速解决造价咨询需求。同时造价咨询业务交易服务网站可以给造价从业人员增加职业渠道，利用自身专业技能获得咨询业务，赚取咨询报酬，增加收入。这些网站的出现必将推动造价咨询行业向共享经济模式转变。

第三节　建立基于PPP模式下工程造价咨询新业务模式

PPP 即 Public-Private-Partnership 的字母缩写，是指政府与私人组织之间形成一种伙伴式的合作关系，政府与社会主体（企业）建立起"利益共享、风险共担、全程合作"的利益共同体关系，最终使合作各方达到比预期单独行动更为有利的结果。PPP 模式不仅减轻了政府的财政负担，也减缓了地方融资平台的压力。同时降低了公共领域项目的参与门槛，使社会资本有了更广阔的发展空间。

在国家新型城镇化战略、京津冀协同发展战略、长江经济带战略、"一带一路"战略以及国家级新区战略等发展战略的指引下，2014 年以来，中央持续释放出推进 PPP 模式应用的明确信号，密集出台相关政策，加速推进 PPP 模式落地实施，中央政府和各地也纷纷公布 PPP 推进方案及项目，PPP 模式将迎来广阔的发展前景，如国家财政部发布了 PPP 项目库共计 1800 多个，总投资规模 3.4 万亿元；国家发展改革委发布的 PPP 项目库共计 1043 个，总投资 1.97 万亿元。项目范围涵盖水利设施、市政设施、交通设施、公共服务、资源环境等多个领域。政府力推 PPP 项目落地，对于工程咨询产业链上的规划、勘察、设计、造价咨询、项目管理等各个环节将带来长期需求。尤其是对工程造价咨询行业而言，必须要准确研判好大形势，把握好新机遇，深入研究和积极应对 PPP 模式带来的新变革，加快开拓 PPP 咨询业务，并带动传统的工程造价咨询业务，助推造价咨询企业转型升级。

一、将造价咨询业务全方位植入到 PPP 项目咨询中

造价咨询企业在 PPP 项目识别阶段，编制 PPP 项目投资估算及概算，为政府遴选 PPP 项目入库提供工程造价方面的数据支撑；在项目准备阶段，运用造价方面的专业知识，参与编制 PPP 项目物有所值、财政承受能力评价、项目实施方案中；在项目采购阶段，参与 PPP 项目工程标的预算编制与审核，为 PPP 项目招标采购提供工程采购标的；在项目执行阶段，为项目提供全过程造价审计业务；在项目移交阶段，对移交工程标的物进行价值评估，为社会资本向政府移交提供公允价值评估报告。

二、提升专业化水平，积极适应 PPP 模式下的投资主体变化

随着 PPP 模式的采用，社会资本特别是民间投资进入一些具有自然垄断性、过去以政府资金和国有企业投资为主导的公共产品和服务领域，投资主体趋于多样化。作为造价咨询企业而言，常规的造价咨询业务要主动适应这种变化，加强与融资、施工以及维护等环节的紧密联系和互动，提高自身标准和要求，以优质的工程咨询水平赢得不同投资者的认可。

三、积极介入 PPP 模式，进一步拓宽行业发展空间

PPP 咨询往后还包含了项目实施过程中的工程咨询、造价咨询、招标代理、项目管理（含监理）、项目后评价等诸多方面。PPP 咨询适合于具备多元化、多维度的综合性咨询机构。以 PPP 咨询为契机从项目前期介入，传统的造价咨询均可顺势承接，且 PPP 咨询业务大多为政府项目，收费较好且后续项目来源广。基于 PPP 模式下工程造价咨询新业务模式，将是造价咨询企业在新常态下稳增长的重要方向之一。

四、消除自身短板，搭建 PPP 一体化平台

造价咨询公司属于轻资产公司，自身的融资能力有限，很难达到 PPP 模式中对融资规模的需求，这是我们的短板。因此，要发挥在人才、技术、渠道、信息等方面的优势，在储备一定财务和法律能力的基础上，搭建 PPP 平台，使项目真正地实现智力、服务的输出和社会资本的有效运用。

五、加强与上下游的合作，形成产业链发展合力

PPP 模式是对全过程效率的追求，将进一步促进产业链上下游整合，逐步打破区域垄断和行业垄断。对于已有长期战略积累的造价咨询企业来说，可引进有 PPP 操作经验的法律专家、财务专家等作为公司顾问。形成 PPP 模式联合体，发挥各自所长，联合参与 PPP 模式运营，集聚各自的专业所长，打造一支专业化、协同化的 PPP 咨询团队，为基础设施与公用事业领域 PPP 项目提供完善的一体化专业服务。

第四节 咨询企业增长动力的转化与突破

一、体制创新

虚拟股是公司授予激励对象一种虚拟股份，激励对象可以据此享受一定数量的分红权和股价升值权，但是没有所有权、表决权。不能转让和出售，在离开企业时自动失效。

股权激励可以将员工的人力资本与企业的未来发展紧密联系起来，形成良性的循环体系，员工获得股权，参与公司分红，实现公司发展和员工个人财富增值，同时实现股权激励同步的内部融资，可以增加公司的资本比例，缓冲公司现金流紧张的局面。如中德华建（北京）国际工程技术有限公司在2014年进行的公司内部虚拟股改制，极大激发员工的工作热情和积极性，出现了公司业绩和职工收入同步增长的良好企业态势。

推行虚拟股改制的优势：

（1）不改变原有股本结构，即：原股东的股权比例不变、控制权不受影响。

（2）虚拟股权操作简单，仅仅是将激励对象的虚拟股权记载在册，供内部管理使用、备查，不必在工商部门登记。

（3）激励对象取得的权益种类仅仅是虚拟股权的收益权利，并不取得表决权、重大决策权、选择管理者权利；很好地保证了公司经营的稳定性和长期性。

（4）不受到《公司法》对公司股东人数限制。

虚拟股参与对象的确定及激励机制：

根据"二八"定律，公司20%的人创造了公司80%的价值，因此锁定那些为公司创造巨大价值的关键岗位经理人，才能保证公司稳定的发展。因此，可以将20%关键岗位经理人确定为激励的对象，关键岗位经理人不需要认购实际股份，仅需履行约定的目标任务就可以取得虚拟股权；当公司股权增值时，则激励对象可以据此享受股权的溢价收益。

激励对象只有在提高每股净资产的前提下才可以获得收益，从而使虚拟股股东与公司形成利益共同体。虚拟股权激励在一定程度上是对公司薪酬制度和绩效管理体系的完善，能够稳定优秀的技术骨干及管理人员；同时虚拟股权激励通过每年滚动授予的方式，一方面激励公司现有核心人员勤勉工作，另一方面也可吸引外来优秀人才加盟。

虚拟股改制方案确定的原则需根据改制企业量体裁衣。由于每个公司的战略、组织架构、盈利模式、团队组成千差万别，即便是相同的行业，也应根据自身实际选择恰当的模式、合适的对象、适宜的时机，为了提高员工对企业的忠诚度，提升员工的工作积极性，减少重要岗位人员流动性，将员工的利益和企业的战略发展目标紧密地结合在一起，驱动员工为企业的发展贡献力量。

具体操作步骤如下：

（1）拟定可享受购买公司内部虚拟股资格条件，一般应包括技术骨干、管理精英、市场能手；

（2）制定与自身所在部门业绩挂钩的购股总数量、金额、分红机制等方案；

（3）依据每位岗位职级、业务能力、公司工龄等因素确定其购股数量；

（4）股份的日常经营管理；

（5）股份分红；

（6）年度股权调整、优化。

二、面向国际化业务驱动

习近平总书记在 2013 年 9 月和 10 月先后提出了建设"新丝绸之路经济带"和"21 世纪海上丝绸之路"的宏伟构想，随着"亚投行"的成立，中国必将增加在"一带一路"沿线国家的基础设施投资力度和国际产能合作项目，这是造价咨询企业实施"走出去"重要战略机遇期，因此，造价咨询企业要尽快熟悉国际规则，加强国家交流与合作，随中国投资输出一起输出中国的造价管理技术，抢占国际市场。

（1）积极参与国际 FIDIC 工程师培训及认证，取得通往国际工程咨询执业资格通行证。

（2）积极完成商务部项目咨询单位入库工作。在商务部令 2015 年第 1 号《对外援助项目实施企业资格认定办法（试行）》中，公开招标"对外援助项目咨询服务单位"入库。只有进入了商务部"对外援助项目咨询服务单位"入库单位，才有资格承揽国内投资"一带一路"等国外工程咨询业务。

（3）积极与国内有投资国外工程的企业联系沟通，为实现资本、技术打包输出创造条件。

三、拥抱互联网技术

信息技术的提升可以带来三大好处：一是可以降低服务成本，二是可以提高服务品质，三是可以提供差异化的服务。

咨询企业的信息化主要表现在以下三个方面

（一）咨询工具的现代化

咨询企业的信息化首先是工具的现代化，曾经的预算员手工计算量和套价的过程，到工程造价全行业使用计价软件，随着图形算量软件的普及、BIM 技术的成熟运用，造价人员"扒图算量"必将发展为软件统计工程量，且通过 BIM 技术可以实现所见即所得，增强用户体验，增加有效沟通。届时，必将大大提高造价行业生产效率与数据精准度，降低人力生产成本，对工程量准确率的控制将不再是难题。

（二）企业管理信息化

管理信息化表现为"企业信息管理系统"也就是俗称的"ERP 管理系统、""OA"系统。实现了所有行政流程和业务流程的模式固化，给企业标准化、规范化管理带来保障。企业管理信息化提升企业规范化的同时，也会降低造价师个人自由裁量权限，提高咨询成果的公正、公平性，咨询企业诚信度也会提高，众多业主单位提倡的"复审"制、编标"双轨并行核对制"会逐渐退化。

管理信息化的另一大好处是可以实现虚拟办空、缩短距离和时间、提高工作效率。在网络全面覆盖的今天，借助信息化系统我们可以在家办公、在火车上办公、在地铁站办公、在项目现场办公，总之只要有网络的地方都可以工作，工作效率大大提高。

（三）大数据资源的挖掘与利用

社会一直把造价行业比作"老中医"行业，认为造价师是有经验就有价值。无非是自身通过项目的实践，积累了大量的经验数据，自然，这些数据是保存于个人大脑的，员工离职了，数据自然流失，作为培养其多年的企业则损失惨重。企业无法从公司层面进行数据的收集、整理、分析直至有效利用。目前，造价信息资源的加工还停留在初加工阶段，大量的信息资源白白浪费，如市场价格信息、概预算、清单编制信息等并没有进一步加工整理形成更有价值的指标或指数数据。

信息化的建设必须联姻大数据资源的挖掘与利用，研发完善、科学的数据指标体系，利用现代化的手段将传统经验值数据变得更为庞大、更加系统、更具价值。造价行业信息化离不开信息技术水平的提高，因此要借助专业软件公司的力量，吸收成功开发与应用咨询企业管理系统的经验，尽快形成软件系统，以便使咨询企业快速实现信息化管理和数据加工。对造价信息进行深加工，通过总计、归纳和分析不断扩大造价信息成果数据库规模，提高造价咨询的技术含量。

（四）信息化建设成功的关键因素

（1）坚持"一条线"原则。不能线上一套、线下一套，搞并行运作，并行拖沓越久信息化越难实现。

（2）坚持"一把手"原则。信息化要成功，一把手必须参与，信息化的推行，关键在于执行力，没有企业一把手的亲自参与和坚决贯彻，信息化很难成功。

（3）坚持"一条心"原则。企业信息化必须公司全员参与，上下一条心，首先员工提出自身功能需求模块，由公司统一优化后，安排软件开发公司按优化后的功能模块需求，开发出适合本企业的信息化系统。

第九章

工程造价咨询行业信息化建设专题报告

第一节　行业信息化概述

随着我国从计划经济走入市场经济，工程造价咨询行业信息化经历了从手工算量到利用信息化工具算量的转变，再到现在的采用信息化手段支撑全过程乃至全生命周期的工程造价管理。利用信息化手段促进行业的发展，利用科技创新促进管理革新已是工程造价咨询行业的大势所趋。

一、行业信息化的意义和目的

围绕工程项目开展生产和经营活动，是建设行业的显著特征，作为项目管理核心业务的工程造价管理承担着全生命周期中"估、概、预、结、审"的重要内容。然而由于缺乏有效的信息化手段支撑，在"决策、设计、交易、施工、竣工"这五大建设阶段，工程造价管理一直处于数据不连续、数据积累难、协同共享难的状况。这种状况导致造价控制的各业务环节相对割裂、事后控制居多，难以实现从项目综合角度去提高造价管理能力。再加上建筑工程日趋复杂，造型越来越独特，体量和投资越来越大，传统的管理模式和手工作业方式已经很难适应行业发展的需要。

信息化手段的引入有助于改变这种状况，特别是近年来，随着BIM、云计算、大数据、移动应用等先进的信息技术的发展，有效支撑工程造价全过程精细化管理，促进工程造价咨询企业生产效率和管理水平提升，促进行业主管部门管理与服务水平提升，助力工程造价咨询行业的变革与创新发展。

二、行业信息化的发展现状及挑战

在国家"大力推进信息化"基本方针和政策的指引下，工程造价咨询行业信息化得到快速发展并取得了长足的进步和显著成效。中价协在"十一五"、"十二五"期间陆续出台了信息化相关的政策、制度和标准。通过统筹规划、政策导向，从整体上提高了行业信息化的水平，提升了造价咨询企业对信息化的认识水平，进一步推动了造价咨询行业信息化建设，提高了行业信息技术应用水平，促进了造价行业技术进步和管理水平提升。缩小了造价咨询行业与其他先进行业信息化的差距，企业切身感受到了信息化的作用和价值。

经过几十年的发展，我国工程造价咨询行业的信息化发展可以分为三个阶段，如图9-1所示，即电算化阶段、协同化阶段、平台化阶段。

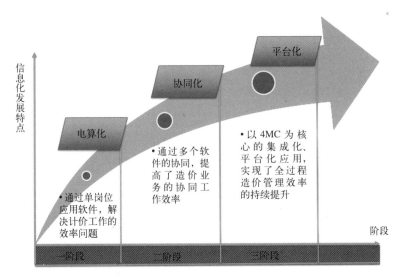

图9-1 行业信息化发展历程和特点

（1）电算化阶段，即属于单岗位和单一功能的工具性软件应用的信息化阶段。主要解决计价和计量的效率问题。

（2）协同化阶段，咨询企业和行业主管部门，开始通过管理信息系统及多个工具软件的应用，实现多部门、多岗位的协同工作。造价信息管理与服务能力稳步提升，为造价咨询行业信息化发展奠定了基础。

（3）平台化阶段，利用互联网技术，以造价全过程管理系统为核心，以 BIM 为有效支撑，以大数据为可持续提升的手段，结合云计算和移动应用实现造价全过程的精细化管理。

经过多年的发展，我国造价咨询行业信息化取得了一定的成效。但是，由于造价咨询行业的特点，如项目分散、企业规模偏小、动态性强等，行业及企业信息化存在一些局限与不足，暴露了一些问题，遇到了一些困惑。总的来说主要表现在如下几个方面。

（一）造价咨询企业的信息化难以满足企业管理的需要

企业的管理体系、管理制度和管理流程是企业赖以生存的根本，而工程造价咨询企业的信息化建设是为企业管理和生产服务的，所以，没有规范的管理制度和流程体系，信息化就像无源之水、无本之木，信息化的建设成效也会大打折扣。

对于工程造价咨询企业开展信息化而言，业务的规范化和标准化是前提，信息化是管理落地、固化流程的有效工具。对于已经建立了完善的管理体系的企业，通过信息化的建设可以进一步优化流程、重组流程，建立起在信息化模式下的新的管理体系。如果采用的是先进的信息化手段，但是管理模式、流程和方法还是传统的管理方式，信息化也很难发挥与企业管理的深度融合，很难发挥最大的价值。

（二）缺乏工程造价数据积累和复用的手段和机制

造价咨询企业已经积累的大量造价数据，来自于不同时期、地点和项目。由于缺乏相应的技术手段，大量的信息成为沉没数据，利用率极低，更难以创造价值，使得造价咨询企业在数据优势方面没有充分发挥出来。

造价管理信息系统不仅依靠流程的规范和优化，更重要的是需要各种造价数据的支撑，但现在传统的管理信息系统往往缺乏对历史数据的积累、清理、分析等有效手段和运行机制。因此，有必要借助于新型的信息化技术和服务模式，通过应用 BIM、大数据等技术，实现基础数据的积累、分析及利用，保证数据和信息的及时性、准确性、有效性，为企业管理提供有效的基础数据支撑。

（三）造价咨询企业创新能力不足

我国造价咨询企业已经进入了成熟阶段，随着工程建设领域投资增速的放缓和行业改革的不断深入，造价咨询企业需要通过业务与经营的创新取得不断地提升。

目前很多造价咨询企业存在着业务范围较窄、服务水平不高的情况，造成了严重的同质化竞争。传统的造价咨询业务，例如工程量清单和招标控制价的编制，企业之间进行恶性竞争，利润下滑；新型业务，例如 BIM 咨询、数据服务，技术门槛高，短期内难以进入。信息化发展配套制度及环境有待完善。

1. 企业信息化组织体系不完善

长期有效的组织保证是信息化成功的关键。需要在信息化建设和运营这两个阶段提供组织保证。信息化不仅是技术系统的实施，更是业务的融合应用。目前造价咨询企业大多没有设立独立的信息化管理部门，设立 CIO 的则更少。企业信息化建设没有总协调人，信息化项目建设从宏观上缺少有力的指导和监督，信息化建设和管理的组织协调困难、执行力薄弱。

2. 信息化配套制度、规范、标准有待进一步完善和推广

随着信息化在造价行业发展中发挥的作用越来越大，与信息化配套的标准、规范及法律法规有待进一步完善和加强。对于已经制定的标准和规范需督促落地执行。例如 BIM 技术、大数据等技术的应用推广，需要行业相关标准和政策的配套，才能有效推进。除此以外还需要进一步细化和配套地方政策，在招投标相关法规中，明确提出需要提供 BIM 模型等，以便更好地营造 BIM 应用的良好环境。

（四）信息化人才不足

从目前来看，造价咨询行业的信息化人才严重不足。近年来虽然有了显著增加，但相比其他行业仍有较大差距。尤其中小型咨询企业，更加缺乏业务与信息化技术都了解的复合型人才，同时企业一般规模较小，没有能力和精力为人员提供专业培训。特别是 BIM 技术的应用与推广方面，对人员能力提出了更高的要求，掌握 BIM 技术应用能力的人才更是不多。人员的不足导致工程造价的信息化无

法发挥应有的作用，阻碍了工程造价信息化管理的发展进程。同时，由于信息化人才的激励机制不到位，信息化专业人才发展空间受限，影响信息化人员积极性发挥，导致企业信息化骨干人才流失现象严重。

三、行业信息化的发展方向及价值

"两会"提出的"互联网＋"行动计划，进一步推动移动互联网、云计算、大数据等信息技术与传统产业的结合，促进了传统产业的发展。"互联网＋造价咨询"将会给工程造价咨询管理工作带来巨大变革，进一步提升造价全过程管理的信息化水平，促进造价咨询业务的创新发展，重构造价咨询产业新生态。

（一）"互联网＋"有助于工程造价全过程管理能力的提升

"互联网＋"意味着立足于专业技术能力，将互联网等新型信息化技术与造价咨询业务的每一个环节进行深度融合，改造现有工作方式，实现管理、技术能力和效率的提升。例如，通过 BIM 技术应用于造价咨询业务，可以实现基于模型的算量，提高算量工作的准确性和效率。通过 BIM 与造价管理系统的集成，可以解决造价相关数据"难积累"、"协同共享难、沟通协作不畅"、管理口径不一致等问题，保证工程造价数据的时效性、准确性，可以精确监督控制项目各个阶段的造价，节省时间与资金，提高工程造价管理水平。随着大数据、云计算与BIM 技术的集成应用，可以积累和形成基于模型构件的工艺方法库、造价指标库、预算定额库等，实现知识的积累、传递和复用，持续提升企业的业务能力。

（二）"互联网＋"促进企业业务能力的提升与业务范围扩展

目前造价咨询企业的服务范围，多以单点附加值较低的标底编制和预结算审查为主，并未做到项目的全过程参与，业务范围狭窄，业务量偏小。"互联网＋"为造价咨询企业业务扩展带来了新的机遇，也开启了工程造价企业的全新发展模式。基于 BIM 的应用，造价咨询企业可以展开以造价全过程管理为核心的 BIM 咨询服务，实现以 BIM 为基础，贯穿项目的决策、设计、交易、施工、竣工阶段的BIM 咨询服务。造价咨询企业也可以通过整合项目建设各参与方，通过 PMC 模式代表建设单位实现对项目的全过程管理，实现企业向高端服务的转型发展，促进整个造价咨询行业的转型发展。

（三）"互联网＋"重构造价咨询行业新生态

"互联网＋"带来的不仅是新技术的应用，更重要的是新思维对行业的改造或变革，将重构造价咨询行业新生态圈。"互联网＋"重构的新生态将是一种相互之间联系更加广泛、互动更加频繁、同时相互之间协同和工作效率更高、边界无限扩大的新型造价咨询生态圈。在这个生态圈里，通过造价咨询领域的"互联网＋"的开放平台，将专业技术、信息技术、智能技术融入项目造价过程。在此过程中，整合行业协会、硬件服务商、软件服务商、专业服务商以及网络服务商、征信机构甚至金融机构，为这个产业的企业和从业人员提供各种服务，实现不同参与方之间信息的高效共享、准确传递、正确反馈等。在这个新生态圈中，造价咨询行业内的各企业通过"互联网＋"跨越了边界，在全产业链范围甚至在全社会范围内实现了资源的优化配置，资源利用的效率将得到极大提升，推进分享经济的成长。

第二节　行业信息化建设内容

行业信息化的主要内容是以 PM（造价全过程管理）为核心，以 BIM 技术为支撑，以 DM（大数据管理与服务）为持续改进和提升的基础，充分利用云计算（Cloud）和移动应用（Mobile）等先进技术，实现精细化管理的过程，使建设项目效益最大化。

如图 9-2 所示为行业信息化建设内容框架，围绕工程造价核心业务，划分为三个层次：平台层、应用层和终端层。

一、应用层主要建设内容

行业的核心业务是工程项目管理过程中的造价管理，围绕造价管理业务，应用层信息化建设的内容主要包括三个方面，一是管理信息化系统应用，提升造价

图9-2 行业信息化建设框架

管理水平，例如项目管理或全过程造价管理，这里包括行业监管信息化和企业造价管理的信息化；二是基于 BIM 的造价工具软件应用，以提高造价业务中具体工作的效率为目的，例如计价软件、基于 BIM 技术的工程量计算等；三是造价数据管理与服务，具体工作信息化过程中，产生大量的业务数据，这些数据经过积累、清洗、分析、提取，形成有价值的知识，复用于后续的工程，提高企业持续发展能力。

（一）基于 PM 的造价管理信息系统

1. 行业监管层面

对于行业主管部门来说，信息化的主要目的是建立健康、规范、透明的建筑市场环境，并通过信息化手段，提升监管效率和行政效能，强化市场的决定性作用导向。行业监管部门通过智能办公、智能监管、智能服务、智能决策等业务操作的信息系统应用，提升工作效率，规范市场行为，提升服务质量，进一步推动行业信息化建设，促进了工程造价咨询行业的健康发展。

行业监管信息化主要包括造价信息服务、工程交易平台（招标投标管理系统）、企业及个人诚信平台等信息化系统。建立造价信息服务系统，政府定期公布造价指导数据，方便各地政府机构和造价咨询企业掌握各类价格、指标等信息；建立工程交易平台，规范工程建设招投标管理流程，利用信息化手段加大对建筑市场的有效监管，实现阳光采购；建立企业及个人诚信平台、工程质量及安全监督管理系统通过搭建一体化数据平台，实现工程项目数据、企业诚信数据、个人诚信数据三大数据的互联互通，提高市场监管的效率和准确性。

行业监管信息化的建设需要对数据信息统一规划、统一标准、统一架构、统一建设、统一管理，在信息化整体规划时需要注意以下三点：首先，行业信息化规划应包含基础服务平台的搭建，这有助于提升政府服务能力；其次，行业信息化框架应具有扩展性，要适应不断发展和创新的业务需求；最后，规划不仅要关注行业信息化技术架构，还要充分考虑行业信息化运营、持续服务和行业信息化自身发展适应性等支撑要素。

2.企业管理层面

随着造价咨询企业服务领域的拓展，从传统单一阶段的造价咨询向全过程造价管理咨询转变。造价全过程信息化管理系统通过构建网络化的管理平台，实现了工程项目造价业务的连续、协同和高效，各岗位人员分工协作完成建设项目决策阶段、设计阶段、交易阶段、施工阶段、竣工阶段的造价业务管理，实现工程造价及投资的有效控制。

工程造价全过程管理信息化的建设要实施以项目全过程为主线、以造价管理为核心，以多方协同为基础，围绕估算、概算、预算、结算和过程控制多方面，使建设项目投资、进度、质量有效控制，确保建设项目目标的顺利实现。通过造价全过程管理信息化的建设，实现造价全过程管理从静态管理向动态的、连续的控制转化。从各阶段的割裂管理向造价全过程、全要素管理升级。从事后核算，向事前控制、过程控制转化。

（二）基于 BIM 的造价工具软件

在项目建设过程中，没有多方协同的单独的管理系统很难发挥作用，最大的问题就在于缺乏真实、实时的基础数据支持，数据之间难以建立有效关系。因此需要 BIM 技术及产品的支撑，满足作业层的生产需要，并产生真实有效的基础数据。

基于 BIM 的造价工具软件，将有效解决传统项目造价管理中的目标不统一、过程割裂、信息遗失等弊端，协助造价工作者提高造价管理水平，取得项目造价管理的成功。如图 9-3 所示为工程造价项目全过程 BIM 应用。

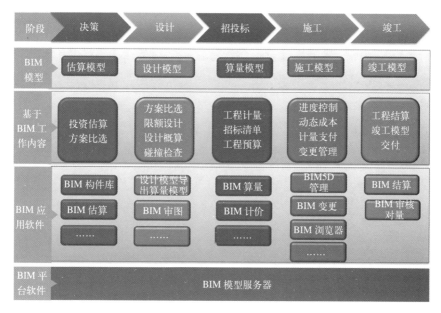

图9-3　工程项目造价全过程BIM应用

投资决策阶段是项目建设的可行性研究阶段，是选择和决定投资行动方案的过程，需要使用项目评价系统和方案比选系统，对拟建项目进行技术经济论证，并对不同方案进行比较，进而做出判断和决定。通过企业建立的 BIM 构件库、历史 BIM 模型建立 BIM 估算模型，进行投资估算、方案对比。

规划设计阶段的造价管理对建设工期、工程造价、工程质量及建成后能否产生较好的经济效益和使用效益，起着决定性的作用。BIM 设计模型的构件带有成本信息，可视化的方案比选，同时为限额设计提供了可靠的数据输入。在设计阶段的碰撞检查解决了绝大部分的错、漏、碰、缺，保证模型的准确性。通过国际通用的数据标准，比如 IFC，将 BIM 模型导出 BIM 算量模型准确计量，对后期建设成本起着重要的作用。

项目交易阶段涉及招标、投标、开标、评标、中标、签订合同等几个环节，需要进行工程量清单编审、投标报价、清标评标、合约管理、合约签订等与造价管理相关的工作，大部分是可以借助 BIM 技术进行高效便捷的工作。在这些造价管理工作中，工程量计算是核心工作，而算量工作约占工程造价管理总体工作量的 60%，利用 BIM 模型进行工程量自动计算、统计分析，形成准确的工程量清单。造价咨询单位可以根据设计单位提供的含有丰富数据信息的 BIM 模型快速短时间内计算出工程量信息，结合项目具体特征编制准确的工程量清单，有效地避免漏项和错算等情况，最大程度减少施工阶段因工程量问题而引起的纠纷。

项目施工阶段，基于 BIM 的商务应用主要集中在 BIM5D 的施工管理、变更管理等应用。基于 BIM5D 的应用，首先，基于进度计划这条主线去进行过程的中期结算，辅助中期支付。传统模式下的工程计量管理，申报集中、额度大、审核时间有限，无论是初步计量还是审核都存在与实际进度不符的情况，根据 BIM5D 的概念，基于实际进度快速计算已完工程量，并与模型中的成本信息关联，迅速完成工程计量工作，解决实际工作中存在的困难。其次，在施工阶段，变更管理是全过程造价管理的难点，传统的变更管理方式，工作量大、反复变更时易发生错漏、易发对相关联的变更项目扣减产生疏漏等情况。基于 BIM 技术的变更管理，力求最大程度减少变更的发生，当变更发生时，在模型上直接进行变更部位的调节，通过可视化对比，形象直观高效，变更费用可预估、变更流程可追溯，关联变更更清晰，对投资的影响可实时获得。

项目竣工结算阶段，基于 BIM 的主要应用包括结算管理、审核对量、资料管理和成本数据库积累。基于 BIM 的结算管理，是基于模型的结算管理，对于变更、暂估价材料、施工图纸等可调整内容统一进行梳理，不会有重复计算或漏算的情况发生。基于 BIM 的审核对量可以自动对比工程模型，是更加智能、更加便捷的核对手段，可以实现智能查找量差、自动分析原因、自动生成结果等需求。不但可以提高工作效率，同时也将减少核对中争议情况的发生。

在各阶段的 BIM 应用中，关键是实现 BIM 的数据集成和共享，目前最可能的方式就是在云平台上建立 BIM 模型服务器，通过模型服务器达到造价数据协同、交换、共享的目的。

（三）造价大数据管理与服务（DM）

随着造价管理系统和 BIM 技术的深入应用，会产生各种各样的结构化和非结构化数据，面对海量的大数据，如何让这些数据进一步发挥价值，需要进行加工、处理并形成知识进行复用。从企业自身来说，在工作和生产过程中需要数据的支持和服务，复用经验数据、历史案例工程数据等，以辅助工作和决策支持。例如需要获取工程造价指标支持造价估算。因此，DM 数据管理系统的支撑是可持续发展的基础。如图 9-4 所示为工程造价咨询行业大数据框架，基于大数据可以面向造价全过程及造价各方主体，提供造价信息服务和征信服务两类内容。

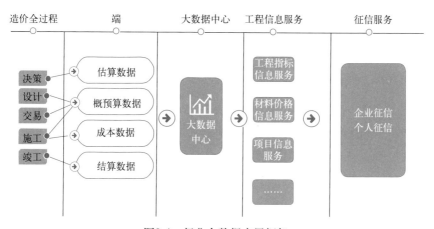

图9-4　行业大数据应用框架

造价信息服务：在项目投资决策、规划设计、招标采购、施工交付各阶段，不同的人员、不同的时间、不同的地点、不同的项目阶段、不同的业务场景，对信息的需求与应用是不同的，大数据平台需要为使用者提供碎片化的信息服务应用。目前使用较多的工程信息服务主要有三类，一是围绕材料价格与供应商形成的材料信息服务产品；二是围绕量指标、价指标、工程量综合单价指标形成的指标信息服务产品；三是为企业私有造价数据提供采集、存储、加工、应用的企业成本数据库服务。

征信服务：随着大数据、云计算等新兴技术的快速发展，基于互联网的产业征信服务迅速崛起。征信服务平台旨在面向造价咨询行业的各方主体，提供企业征信和个人征信服务。征信平台通过合法采集造价咨询企业经营活动中的行为数据建立造价咨询行业大数据，经过专业加工分析，提供造价咨询产业征信服务。通过改征信服务可以快速获得企业历年的业绩状况和具体项目概况、交易情况、履约能力、诚信记录、客户评价等，为合作及交易各方提供重要决策依据；在个人征信方面，可以更加全面、客观地了解造价咨询从业人员的从业经历、工作能力、专业水平、执业资格、教育培训、职业诚信、客户评价等情况，从而为造价咨询行业互联网用工模式提供诚信数据。基于大数据的征信平台将为造价咨询行业提供"互联网+"下的诚信体系。

二、平台层主要建设内容

信息化的建设需要"随需应变"，需要实现系统间的有效集成和数据的互通互联，需要提供强大的、可扩展的业务运行环境。平台层要建设承载各业务系统和业务应用的信息化平台。

通过平台使不同类型、不同业务的应用系统能够真正集成在一起，实现高效的协同工作和流程控制。消除信息系统的孤岛现象。从管理的整体性出发，对部门协作、业务处理、流程优化、决策分析、业务重组提供全面的体系化支持，全面提升信息化的能力和价值。

随着互联网技术的日新月异和业务的快速发展，企业对服务器端提供高效的计算能力和低成本的海量数据存储能力产生了巨大需求。云技术的兴起，不仅为软件行业发展带来信息的机遇，同时给造价咨询行业的信息化应用带来了新的模式。云技术是分布式处理、并行处理、网格计算、网络存储和大型数据中心的进一步发展和商业实现。云技术就是通过网络把信息技术当作服务来使用。用户使用云服务就像使用水和电一样，只需要一个终端完成输入输出，所有的业务和数据处理都由网络完成，而用户不必考虑这些数据和服务在什么地方。因此，云技术为造价咨询行业信息化的发展提供了新的建设模式和应用模式，同时，工程造价咨询行业信息化传统平台也正在向云平台转变。主要包括面向行业的公有云平台和面向企业的私有云平台。

如图9-5所示为工程造价咨询行业云平台的框架图：基础设施IAAS层(IAAS，Infrastructure as a Service)、平台PAAS层（PAAS，Platform as a Service）和软件服务SAAS层（SAAS，Software as a Service）。

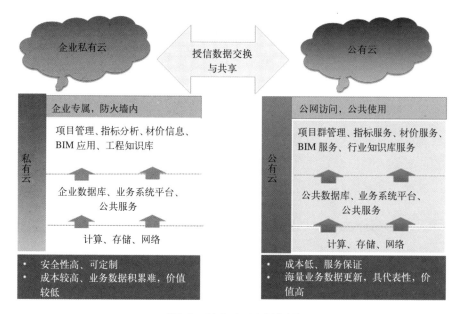

图9-5 行业云平台框架图

基础设施IAAS服务层：造价咨询行业云构筑于通用的云计算基础设施服务（IAAS）之上。IAAS关注解决基础资源云化问题，解决的主要是IT问题，云计算基础设施为造价咨询行业云提供云主机（计算）、云存储、虚拟网络等方面的IT服务，提供运行建筑行业云所需的各项资源，并保障其在可用性、质量、安全等方面的要求。

平台PAAS服务层：实际上是云平台上的软件应用运行环境，也可理解成中间件即服务，能提供托管于硬件基础设施上的软件和产品开发工具，是面向开发人员的，开发人员可直接在上面创建和运行新的应用程序。目前提供该种服务的有广联达公司的广联云平台，造价企业可以在云平台上利用组件开发企业私有云平台，比如建立企业的定额库。

业务应用SAAS服务层：指的是运行在云平台上的应用服务。将软件作为一种云计算服务，与传统软件相比有三个方面的显著特点：依赖互联网、多租户性、特殊服务模式。用户直接登录互联网使用软件或应用，比如广联达公司的指标神器、运算量、云检查、云计价等，都是典型SAAS服务模式，用户不需在个人电脑上下载安装软件，只需通过互联网登录个人账户就能使用，不挤占个人电脑资源。

通过云计算对IT平台进行整合，提升资源利用率，满足对快速部署业务的响应，实现对各种增值业务的支撑。可以说平台的建设逐步走向"云端"。应用云服务具有低成本投入、计算速度高、易管理与维护等特点，解决了当前技术模式不能解决的服务问题，使提供更灵活的信息消费（各种服务及多租用户应用服务）和信息集成能力成为可能。项目参建各方可以通过公有云和私有云，更自由地访问数据，更高效地处理数据，更便捷地协作。

三、终端层主要建设内容

造价咨询行业的项目分散性、人员的移动性、管理的离散性等特点，对信息化的应用造成了很多障碍。随着信息技术和通信技术的发展，如4G网络的普及，PAD平板电脑、智能手机等终端设备的技术成熟与普及。企业或个人利用移动终端设备进行日常工作和生产作业成为可能（图9-6）。应用信息化不再受时间空间限制，企业信息化通过移动平台建设，将信息化管理系统延展到移动终端上，将传统的"办公室信息化"扩展到任意地点。实现工作的时效性需求和空间性需求，可以在业务发生之时立即应用信息化解决，决策层可以随时随地移动审批、运筹帷幄。大大提高企业的运作效率和运作质量。

移动应用逐渐渗透到造价管理信息化中，如图9-6所示为移动终端在工程造价咨询行业的应用，随时随地处理业务逐步成为趋势。咨询企业也应结合自身的特点和行业的特性，利用移动终端的巨大优势实现以下三大功能：

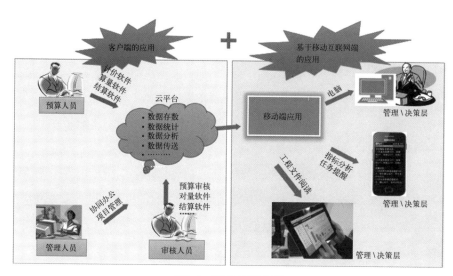

图9-6　移动终端应用

（一）移动办公

各种业务和办公的工作都可以通过手机和 PAD 进行及时的处理。典型的应用就是流程审批、公文流转、通知公告、日程提醒、会议通知、通讯录、手机硬盘、消息预警、邮件、任务待办等信息及文档查阅均可以在手机上进行处理。在任何地点，利用宝贵的"零碎"时间都可以处理工作。提高了效率。

（二）移动商业智能

决策层领导在办公室的时间也是非常有限，但是对于项目的运营状况的了解，是需要随时掌握的。通过手机移动终端的接入，利用商业智能的手段对业务系统的数据进行分析和数据挖掘，并以图表和报表的方式在手机或 PAD 的终端展示。非常直观和方便。

（三）现场移动应用

造价工程师在工程现场，可以通过 PAD 或手机终端设备，结合 BIM 技术手段，在 PAD 上进行建筑模型和图纸浏览，进行变更洽商、设计交底、形象进度、工况分析、BIM5D 模型浏览、工程量统计等工作，极大提高工作效率。

第三节　推进行业信息化应用的关键举措

一、政府层面

（一）建立促进产业生态圈健康发展的行业环境

充分利用"大众创业、万众创新"，以及"众创、众包、众扶、众筹"等新模式，探索PMC、BIM等新型管理咨询模式，以创新的思维方式打破传统思维观念的束缚，主动对接社会资源、拓展和创新社会实践空间与实践方式。

在造价咨询行业监管与服务上利用互联网信息技术实现信息资源整合、提升政府信息化管理效率、创新政府服务方式，突破观念障碍和利益固化的藩篱，做好顶层设计，实现改革新突破，培育创新氛围，提升创业精神。鼓励机制体制的多元发展，为产业生态圈的健康发展创造良好的环境。

（二）构建和完善与市场经济相适应的工程造价体系

以推广工程量清单计价模式为核心，逐步统一各行业、各地区的工程计价规则，构建科学合理的工程计价依据体系。健全工程量清单计价体系，建立与市场相适应的定额管理机制，鼓励企业按照企业实际情况编制企业定额。构建多层级的工程量清单，形成以清单计价规范和各专（行）业工程量计算规范配套使用的清单规范体系，满足造价全过程各个阶段、各种工程承包方式及不同管理需求下工程计价的需要。

构建多元化的工程造价信息服务方式，清理调整与市场不符的各类计价依据，充分发挥造价咨询企业等第三方专业服务作用，为市场决定工程造价提供保障。建立国家工程造价数据库，发布指标指数，提升造价信息服务。推行工程造价全过程咨询服务，强化国有投资工程造价监管。

完善政府定额体系，及时补充有关建筑产业现代化、建筑节能与绿色建筑等工程定额，发挥定额在新技术、新工艺、新材料、新设备推广应用中的引导约束作用，支持建筑业转型升级。

（三）推动 BIM 在工程造价咨询行业的应用

大力推进建筑信息模型（BIM）信息技术在项目的投资决策、规划设计、招投标、施工以及竣工的各个阶段造价应用。通过 BIM 模型集成建筑物的设计资源、施工资源、成本资源等各类信息，解决项目造价管理中的目标不统一、过程割裂、信息遗失等弊端，提高造价管理水平。

通过加快制定和颁布相应法律、规章、标准和规程，指导和提高 BIM 技术应用水平，降低 BIM 应用的成本。通过颁布 BIM 指导意见、应用指南、报告等，提高企业对 BIM 技术的认识和应用价值。

（四）推进工程造价咨询大数据服务市场化

通过提供面向市场主体单位的丰富的信息服务和应用支持，提升监管效率和行政效能。引入市场化运作模式，鼓励购买第三方服务，鼓励信息消费推进大数据与信息服务的市场化。建立和健全行业大数据监管机制，加强信息安全管理，完善配套标准，推动大数据服务市场的有序发展。

（五）推进基于大数据的征信体系建设和应用

建立全国工程造价咨询市场征信大数据，并与建筑市场监管平台、招投标平台实现数据联动，对企业变更信息及市场行为随时跟踪载入相应的企业数据库中，形成企业的信用档案；对人员变更信息及市场行为随时跟踪载入相应的人员数据库中，形成人员信用档案。推进征信评价结果在资质审批、招标投标事项中的应用，引导企业诚信守法经营。科学的建立企业、个人的征信，建立"守信激励、失信惩戒"的建筑市场信用环境。

二、企业层面

信息技术不但代表一种先进的生产力，也是使企业在新一轮竞争格局中取胜的关键。企业信息化需要一个科学化、标准化、规范化的实施方法作为指导。建设适用、有效、可持续的信息化，促进信息化建设与企业发展的深度融合。

（一）结合战略，明确企业信息化建设方向

信息化建设不是形象工程，而是要做适用于本企业的信息化。适用于造价咨询企业的信息化除了能够满足企业自身需求并解决自身实际问题之外，还能够通过落实企业管理的标准化与规范化，真正服务企业管理运营，推动企业的业务发展。

同时，信息化建设不仅仅是购买或搭建信息化系统，更重要的是要让建设的信息化系统用起来，在企业的经营管理中发挥作用，产生价值，建设有效的信息化，给企业带来效益。

随着企业发展，管理变化，信息化也应随需而变，信息化建设不是一个短期行为，要想不断发挥信息化的功效，不仅需要对信息化系统进行持续优化改进，还需要建立信息化持续应用的长效机制。要建设可持续发展的信息化，保障和促进企业管理的持续、健康、稳定发展。

（二）聚焦核心业务，合理规划信息化蓝图

企业价值链上每一项价值活动对企业最终能实现多大价值的影响是不同的，核心价值链上的活动，即核心业务活动的改善对企业创造价值的影响是最大的，此外，影响核心价值链的辅助活动的改善也会对企业创造价值产生影响。

造价全过程管理是企业价值链上的核心业务，只有核心价值链上的信息化，才能带来最大的价值。因此，信息化蓝图规划的重点应围绕核心业务上的活动，通过管理改进和信息化落地，帮助企业创造更大价值。具体来说，工程造价咨询企业信息化要以价值链的核心业务为重点，结合企业发展战略利用企业架构的科学方法，以诺兰模型为指导，理清需求，分析企业的成熟度和所处的发展阶段。围绕核心业务、整体规划，建立起以项目管理为核心，运营管控为支撑，实现企业集约经营、项目精益管理、提高生产效率、提升管理效益的信息化蓝图规划。

（三）遵循科学方法，逐步推进企业信息化

造价咨询企业信息化建设不仅是对企业管理的变革，也是一项系统工程。它不是仅仅选择一家软件供应商，上一套软件系统就是信息化了，更需要一个科学化、标准化、最优化的实施过程作为指导。很多企业在实施信息化的时候，往往违背了信息化建设的客观规律，盲目地实施信息化，还有很多企业出现信息化建设与管理模式脱节的情况，这实际上是信息化的实施方法出现了问题。

　　工程造价咨询企业建设信息化，需要在统一原则指导下，结合软件工程的思想和流程去实施，一般需要经过 4 大步骤：信息化立项、选型、实施、系统运维。每一次的信息化实施阶段与每一阶段的实施步骤都要经过反复的 N 次迭代。同时在实施过程中，要遵循项目管理和变革原理，先僵化后优化，先试点后推广。需要从"人员保障、绩效保障、制度保障、资金保障"四方面进行支撑。建立由企业 IT 部门、信息化软件供应商、信息化咨询服务商三位一体的实施团队来形成合力共同推动信息化建设。

第十章

行业高等教育专题报告

第一节　高等院校造价专业数据统计

目前我国对基础设施和大型建筑项目投资力度很大，带动了建筑业和房地产业的快速发展，因而需要有一大批高素质的工程造价人才与之相适应。根据市场需求，许多普通高校对工程造价专业开设情况及招生数量都做出了适当调整，本报告通过统计我国工程造价专业人才的供应和培养情况，分析专业人才规模和结构现状，为研究我国工程造价从业人才培养的相关问题提供参考，促进未来工程造价咨询行业健康发展。

一、普通高等院校数量统计

近几年，随着建筑行业的快速发展，市场对工程造价专业毕业生的需求量逐年增加。因此为培养更多的工程造价专业人才以适应社会发展需要，我国越来越重视工程造价专业，开设工程造价专业的普通高校数量逐年增加。开设工程造价专业本科院校（详见附录五）数量统计如图 10-1 所示。

由图 10-1 可以看出，我国开设工程造价专业的本科院校呈逐年上升趋势，截止到 2015 年 7 月已经达到了 170 所。2003～2012 年间增长速度较慢，10 年增加了 40 所，平均每年新增 4 所本科学校开设工程造价专业。从 2013 年开始开设工程造价专业的本科院校数量增加速度明显加快，其中 2013 年增加了 51 所，2014 年增加了 45 所，2015 年增加了 32 所，仅这三年增加的学校数量是 2012 年以前数量的三倍多。

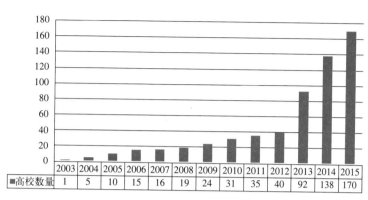

图10-1 2003～2015年开设工程造价专业本科院校数量（个）

据不完全统计，截止到 2015 年 7 月超过 600 所专科院校开设工程造价专业（详见附录五），其中多数院校为高职类专科学校，170 多所民办院校。这在一定程度上反映出随着我国建筑市场和工程造价咨询及项目管理等相关市场的不断扩大，工程造价基础性专业人才的需求量也随之增加。

二、本科院校工程造价专业招生及师资情况统计

（一）本科院校工程造价专业招生量统计

我国本科阶段人才培养是分层次的，为了解近几年工程造价专业招生发展趋势，给我国人才培养模式的改革提供依据，统计近几年工程造价专业本科院校不同批次招生数量情况如表 10-1 所列。

2010～2015年工程造价专业本科院校不同批次招生数量（人） 表10-1

年份 地区	2010 年	2011 年	2012 年	2013 年	2014 年	2015 年
一本	169	160	132	188	204	666
二本	1836	2190	2653	4666	6275	9060
三本	1175	1384	1471	3170	5339	6186
合计	3180	3734	4256	8024	11764	15912

注：资料来源，教育部高校招生阳光工程指定平台（指导单位：教育部高校学生司）、各高校官方网站。

由表 10-1 可以看出，我国 2010～2015 年间工程造价专业本科招生总数逐年增长，2010～2012 年增长速度比较缓慢，平均每年招收 3724 人。而随着开设工程造价院校数量增加，2013 年工程造价本科招录总数大幅度上升，招生人数增加了 3768 人，2014 年增加了 3740 人，2015 年增加了 4148 人，这三年的平均招生数量为 11900 人。其中，二本招生数量历年最多，三本其次，一本招生数量最少，但到 2015 年一本招生人数显著上升，增加了 462 人。这说明我国现阶段工程造价咨询行业需要更高水平的专业人才，而且需求量已表现出上升的趋势。图 10-2 更加直观体现出历年工程造价本科专业招生量的增长趋势。

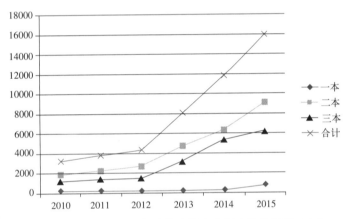

图10-2　2010～2015年工程造价本科专业招生数量情况（人）

由表 10-1 和图 10-2 分析可知，近几年工程造价本科专业从招生总数来看，2010～2015 年增长速度呈"峰"状，2011 年招生数量增加 17.4%，2012 年增长 13.98%，而 2013 年工程造价本科专业招生数量增长 88.5%，2014 年增长 46.6%，2015 年增长 35.26%，工程造价专业招生数量在 2013 年达到峰值后增长趋于平缓。其中二本与三本的招生数量发展情况基本符合工程造价专业本科招生总体趋势，而一本招生数量 2015 年以前基本稳定，2015 年相对前几年出现较大幅度的增长。为详细分析出现这一现状的原因，统计近五年具体开设工程造价专业的不同批次本科院校数量如图 10-3 所示。

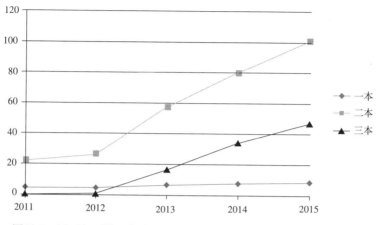

图10-3　近五年开设工程造价专业不同批次本科院校数量情况（个）

　　由图 10-3 可知，我国开设工程造价专业的不同批次本科院校数量在 2011 年和 2012 年两年间变化不大，而在 2012 年以后二本和三本类院校数量出现大幅度增加。其中二本院校数量与工程造价专业招生数量变化趋势基本一致，说明工程造价专业二本招生数量的增加主要是由招生学校数量增加导致的；三本招生院校数量虽然不断增加，但三本招生数量增加趋势趋于平缓，说明我国开设工程造价专业的三本院校的平均招生数量有所降低。一本类院校数量 2011 ~ 2015 年五年内发展平缓，且相对其他批次数量较少。统计分析后发现一本院校近五年的平均招生数量分别为 40 人、33 人、32 人、30 人和 84 人，由此可知，2015 年工程造价专业一本招生数量增加较大是因为一本类院校平均招生数量增加。综上所述，我国开设工程造价专业的院校开始逐步认识到我国现有市场亟需高素质高水平的工程造价专业人才，各类院校在招生方面逐渐开始考虑市场需求，招生数量趋于理性。

　　（二）本科院校工程造价专业招生数量地区分布

　　根据统计数据可以看出我国工程造价专业招生数量不断增加，2015 年招生数量已经突破 15000 人，且仍呈现上升趋势，但各高校工程造价专业招生量在地区分布上存在一定差别，近几年中国七大地区工程造价招生数量汇总见表 10-2 所列。

2010～2015年本科院校分地区招生数量统计（人）　　　　表10-2

地区＼年份	2010年	2011年	2012年	2013年	2014年	2015年
东北	536	570	616	970	1462	1540
华南	0	60	100	266	696	919
西北	149	140	162	710	1263	1381
华中	465	480	601	1171	1698	3001
西南	1351	1502	1801	2830	3207	3921
华北	420	424	479	900	974	1462
华东	280	433	475	1062	2241	3688

注：资料来源，教育部高校招生阳光工程指定平台（指导单位：教育部高校学生司）、各高校官方网站）。

由表10-2可以看出，我国各地区工程造价本科招生数量均呈现上升趋势，本科招生主要集中于西南地区，每年招生数量增长速度较快，从2010～2015年招生数量增加了2570人，平均每年招生2436人；华南和西北地区招生数量相对较少；华东地区虽然在2010年、2011年招生人数较少，但随着经济发展近几年招生人数增加速度最快，2015年比2010年招生人数增加了3408人；东北、华中和华北地区招生数量也有不同程度的增加，其中华中增加数量较多。分析可知我国各地区近几年工程造价本科学生招生数量的变化在一定程度上反映出我国各个地区对工程造价专业人才的需求情况不同，适时根据地区市场发展调整工程造价招生数量有助于行业在各地区稳步健康发展。

（三）本科院校工程造价专业师资情况

生师比是评价高校办学水平，保证教学质量，反映教育资源利用率及高校办学效益的重要指标。根据《普通高等学校基本办学条件指标（试行）》（教育部教发〔2004〕2号文件）规定：我国综合类和财经类高校生师比14为优秀、16为良好、18为合格，生师比指标高于该指标的则视为未达到规定要求。因此，本报告通过统计不同批次开设工程造价专业的本科院校师资数据，对各个批次师资情况进行对比分析。据不完全统计，现阶段我国开设工程造价专业不同批次本科院校的师资情况存在一定差异，一本类院校工程造价专业平均师资为 15 人，二本类院校平均 9 人，三本类院校平均 7 人。通常所说生师比是指折合在校学生数与学校专任教师数的比[①]，但由于高校教学活动复杂，常常受到教学活动和专业设置的影响[②]，而且本报告通过调研发现我国开设工程造价专业的本科院校专业课多集中在大二和大三两学年。因此本报告认为，各批次院校工程造价专业平均生师比是学校工程造价专业年均 2 倍招生数量与学校工程造价专业教师的比值。根据表 10-1 和图 10-3 分析可知，我国一本院校平均招生量 84 人，二本院校平均招生 83 人，三本院校平均招生 119 人。计算可得一本院校生师比约为 11.2；二本院校生师比为 18.44；三本类院校为 34。这在一定程度上可以反映出我国开设工程造价专业的一本院校生师比符合要求且达到优秀水平；二本院校基本达到国家标准，教学资源得到充分运用；三本院校生师比较大，教学情况较差，过多重视规模忽视教学效益，而且多数三本类院校缺乏高层次教学人才，特别是一些民办院校对教师学历要求过低，师资教学队伍中多数老师为本科学历，讲师数量多，副教授和教授数量较少，一定程度上影响了工程造价专业学生接受教育的质量。

三、专科院校工程造价专业招生及师资情况统计

（一）专科院校工程造价专业招生数量统计

在政府的推动下，建筑行业迅速发展，为满足建筑行业对工程造价专业人才的需求，教育部根据国民经济和社会发展的需要将工程造价专业作为热门专业在许多专科学校中设立，近几年我国高等专科学校的招生数量情况如图 10-4 所示。

如图 10-4 所示，2010～2015 工程造价专科院校招生人数不断增加，至今总数已近 70000 人。其中 2010 年到 2012 年招生数量变化不大，平均每年招生 35410 人，2013 年招生增加数量最多，比 2012 年多招收 19732 人，但 2014 年

---

① 胡弼成等 . 生师比：人才培养质量的重要利器 [J]. 大学教育科学 ,2013(3):118-124.
② 易莉，杜学元 . 对现行高校生师比要求一致性的质疑 [J]. 煤炭高等教育 ,2006,24(2):70-72.

和2015年招生数量增长速度开始放缓，2014年增加5211人，2015年增加2682人。由此可知，随着工程造价专业专科招生数量不断增加，行业对基础人才的需求接近饱和。为了清晰了解近几年我国高等专科院校招生数量的趋势，绘制2010～2015年高等院校招生人数折线图，如图10-5所示。

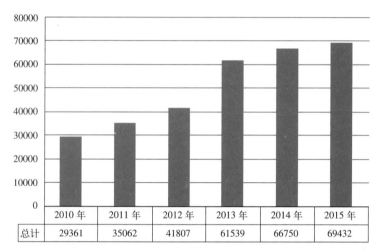

	2010年	2011年	2012年	2013年	2014年	2015年
总计	29361	35062	41807	61539	66750	69432

图10-4   2010～2015年我国高等专科院校招生总数（人）

资料来源：教育部高校招生阳光工程指定平台（指导单位：教育部高校学生司）、各高校官方网站

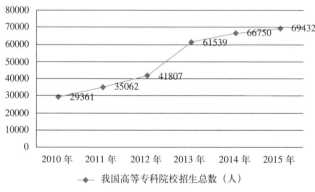

图10-5   2010～2015年我国高等专科院校招生人数趋势图

（二）专科院校工程造价专业招生数量地区分布

我国各地区工程造价专科学生培养数量可以反映一个地区工程造价专业基础

人才的供给情况，从而能够反映出该地区工程造价行业内的发展情况。因此本报告对我国七大区专科院校工程造价专业专科招生数量情况进行汇总，七大地区的高等专科院校具体招生数量见表10-3。

2010～2015年专科院校分地区招生数量统计（人）　　　　表10-3

地区＼年份	2010年	2011年	2012年	2013年	2014年	2015年
华北	4152	5280	5428	9094	11090	9445
东北	2020	2417	3244	3992	4342	4412
华东	9268	10213	12226	18452	20705	21709
华中	4785	5069	5494	7897	7861	10755
华南	2909	3782	4456	5940	6193	5779
西南	3711	4804	6112	9351	9490	10342
西北	2516	3497	4847	6831	7069	6990

注：资料来源，教育部高校招生阳光工程指定平台（指导单位：教育部高校学生司）、各高校官方网站。

由表10-3可以看出，我国七大地区工程造价专科招生数量总体呈上升趋势，但部分地区略有波动。与2014年相比，2015年华北、华南、西北地区院校招生人数都有小幅下降，平均招生数量为7405人；东北、华东、西南招生人数出现小幅度增加，而华中地区院校招生人数上升幅度较大，这说明在整体行业环境相对稳定的情况下，华中地区对基础造价人才的需求较大，各个地区根据自身工程造价咨询行业发展情况不断调整基础人才培养数量。结合附录B和表10-3可知2015年各地区每个专科类院校工程造价专业的平均招生量见表10-4。

2015年专科院校分地区平均招生数量统计（人）　　　　表10-4

地区＼统计内容	2015年总招生量	2015年招生院校	2015年均招生量
华北	9445	89	106
东北	4412	48	92
华东	21709	186	117
华中	10755	109	99

续表

地区 \ 统计内容	2015 年总招生量	2015 年招生院校	2015 年均招生量
华南	5779	58	100
西南	10342	95	109
西北	6990	45	156

由表 10-4 可知，2015 年我国各大地区开设工程造价专科院校的平均招生数量存在一定差异，其中西北地区平均招生量最多，东北地区平均招生数量最少。分析发现华东和华中地区虽然总的专科招生数量较多，但由于 2015 年招生的学校数量多，其平均招生数量一般；华南地区虽然总的招生数量较少，但由于该地区学校数量也很少，因此学校平均招生数量并不低。总之，西北地区经济发展相对落后，而华南，华中经济发展较好，现阶段招生数量是否与市场需求相匹配应当得到有关部门和各个高等院校的重视，确保该地区工程造价专业人才的供求平衡。

（三）专科院校工程造价专业师资情况

为了解我国开设工程造价专业专科院校的师资情况，现对不同地区专科院校的平均师资情况进行统计分析，具体情况如图 10-6 所示。

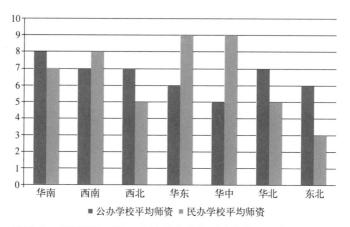

图10-6　不同区域开设工程造价专业专科院校的平均师资情况

由图 10-6 分析可知,我国专科院校工程造价专业的平均师资为 7 人,除华东,华中和西南地区以外,其他地区开设工程造价专业的公办专科院校较民办院校的师资更多,华东、华中和东北地区公办学校和民办学校师资数量相差较大,这一现象的出现一方面是由于部分地区开设工程造价专科专业的公办学校与民办学校比例相差较大;另一方面经济发展较好的地区虽然公办院校数量比民办院校多,但该地区的民办院校办学条件较好,通过增加薪资福利待遇等方式吸引大批高素质教师提高教学质量以使股东获得更多收益。

根据调研发现我国开设工程造价专业的专科院校的专业课程集中开设在大一下学期及大二学年,因此本报告根据表 10-4 和图 10-6 分析数据统计我国各地区开设工程造价专业专科学校的生师比存在一定差异。东北地区和西北地区开设工程造价专业的专科院校生师比较高,分别为 27.6 和 39;华北地区生师比约为 26.5;华东和华中地区生师比差异不大,分别为 21.93 和 21.21;西南地区为 20.44;华南生师比最小,生师比为 18.75。统计可知七大地区平均生师比均没有达到国家要求,与国家统计局统计的近十年专科院校生师比存在一定差距[①]。可见,由于国家对专科院校管理不够完善,招生数量较多,开设工程造价专业的专科学校生师比与国家标准存在差距,师资情况较差,而且各地区学校的师资会受到区域经济的影响,一方面经济较为落后的地区的专科学校对师资投入力度较小,教师得不到基本生活保障,教师队伍不稳定,流动性强;另一方面经济发展较好的地区为顺应时代要求,推动教育事业发展逐步加强民办院校师资队伍建设,一定程度上提高了办学质量。综上所述,我国多数地区开设工程造价专业专科院校师资情况存在欠缺,而且高素质师资上较为匮乏,区域差异较大,因此在现阶段工程造价市场发展趋势背景下,专科院校应逐步增强调整学校师资结构的力度,提高学生未来执业能力。

---

① 国家统计局官网:2012 年至 2008 年专科院校生师比分别是 17.33,17.28,17.21,17.35,17.27,平均值为 17.288.

第二节 高等院校学历教育培养模式

一、我国工程造价专业设置现状

随着我国经济建设不断发展，我国逐步开始提出培养工程类的管理人才的战略，各个高校纷纷开设相关专业。研究发现，我国工程造价专业的建立经历了建筑工程经济与组织，建筑管理工程、工程造价管理，工程管理等多个阶段，具体工程造价相关学科发展历程情况如图10-7所示。

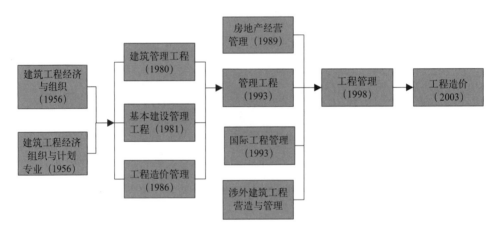

图10-7　工程造价相关学科发展历程图

资料来源：文献整理[①]

为了清晰了解各个高校工程造价专业设置情况，本报告对现有开设工程造价专业的院校进行统计分析，并在分析过程中将本科院校和专科院校分开讨论。

（一）本科院校工程造价专业设置情况

研究发现现阶段我国有170所本科院校开设工程造价专业，专业设置大体分为管理、财经、工程技术及专门领域的工程技术四类，具体分布情况如图10-8所示。

---

① 尹贻林等.世界工程造价学科教育发展报告[M].天津：天津大学出版社,2005.

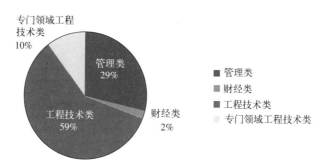

图10-8　本科院校工程造价专业设置情况分布图

注：专门领域工程技术类指房屋建筑类以外的市政、水利等专业

由图 10-8 可知，我国开设工程造价专业的本科高等院校设置院系情况并不统一，超过一半的学校将造价专业开设在工程技术类院系（例如山东科技大学设置在土木建筑学院，长安大学设置在建筑工程学院），其中多数学校属于三本类院校；29% 的学校将造价专业开设在管理学院，这类学校中包括我国开设工程造价本科专业较早的天津理工大学、福建工程学院、山东建筑大学等；10% 开设在除房屋建筑以外的市政、水利等专业院校；少量院校将工程造价本科专业开设在财经类院系。这在一定程度上说明我国现阶段侧重对工程造价本科学生工程技术的培养，其培养目标主要还是应用型人才，毕业生可以较好地满足传统工程造价咨询市场上对预算员的要求，而以工程价款为核心的工程造价管理还没有得到过多重视，并且目前多数学校针对房屋建筑类的工程造价专业人才的培养较多，其他领域所占比例较少。

（二）专科院校工程造价专业设置情况

统计发现我国开设工程造价专业的专科院校数量较多，多数为高职类学校，工程造价专业设置情况在一定程度上反映了我国基础工程造价专业人才的供给及培养情况，具体内容如图 10-9 所示。

由图 10-9 可知，我国工程造价专科专业设置大致也分为工程技术类、管理类、财经类及专门领域的工程技术类，其中房屋建筑技术类最多，达到 76%；管理类次之，约是院校总数的十分之一；专门领域的工程技术类数量居第三位，财经类最少。从工程造价专业设置情况来看，专科院校与本科院校的特点基本一致，专科培养模式相对本科更加侧重技术，对管理重视度不够。

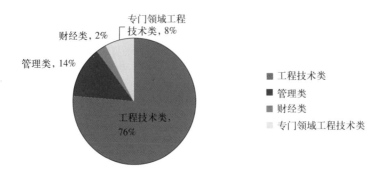

图10-9　专科院校工程造价专业设置情况分布图

注：专门领域工程技术类指房屋建筑类以外的市政、水利等专业

二、我国工程造价专业课程设置现状

高等院校人才培养最主要的方式是课程授予，工程造价专业课程体系是实现高校学生对工程造价专业教育内容与知识体系的有效掌握和熟练运用的必然途径[1]。因此，分析高等院校的工程造价专业的课程设置现状不仅能了解各类院校课程设置特点，发现问题，还有助于行业协会制定满足市场需求的能力标准体系，提高学生未来执业能力。我国内地开设工程造价专业的高等院校课程设置体系基本包括公共基础课、专业基础课及专业课三个层次，不同层次下设置不同类型课程，以期培养造价专业学生多方面能力。本报告将工程造价学科课程设置情况进行归纳，具体内容如图10-10所示。

我国设立工程造价专业的各高校对于公共基础课（如数学、政治、外语及计算机）设置相差无几，由于专业基础课与专业课划分界限不够明显且各类高校专业设置各具特点导致专业基础课和专业课设置相对差别较大，故此对各类院校工程造价专业课程的设置情况进行对比。

---

① 王雯渤．工程造价专业课程体系改革 [J]．黑龙江科学，2014,5(8):115.

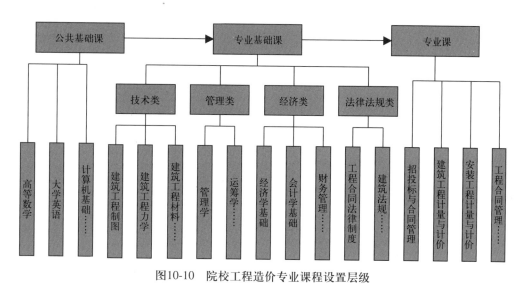

图10-10　院校工程造价专业课程设置层级

（一）工程技术类院校工程造价专业课程设置情况及培养目标

工程技术类院校重视学生的基础理论知识学习，但一部分学校明确指出注重实践能力的培养，包括实习、课程设计、工作坊等模式，缩短了学生毕业后融入工作适应工作的时间，提前使学生适应工作状态及培养团队合作的精神。该类院校普遍开设的专业基础课：建筑工程制图、建筑工程材料、房屋建筑学、建筑力学、建筑法规、工程测量、运筹学；普遍开设的专业课：工程经济学、土木工程施工、工程定额原理、工程项目管理、建筑工程招投标及合同管理、工程计量与计价、安装计量与计价等。

（二）管理类院校工程造价专业课程设置情况及培养目标

开设在管理类学院的工程造价专业注重人才综合素质的培养，开设的管理类课程较多，注重学生以"工程价款"为核心的工程造价管理能力，培养学生成为能在工程建设各领域从事工程造价管理与监理的复合型应用型技术人才。从其课程设置可以看出管理、经济类的课程一般是专业基础课，法律、经济类的课程一般为专业课，而且也有学校设置了教学实践环节，如工作坊、课程设计。该类院校普遍开设的专业基础课：建筑施工组织、建设工程项目管理、建设工程合同管理等；普遍开设的专业课：工程造价控制、计量与计价、工程造价应用软件等。

（三）专门领域工程技术类工程造价课程设置情况及培养目标

开设工程造价专科专业的专门领域工程技术类院校更加注重专门领域内的专业课程学习，针对性比较强，毕业生可直接进入相关专业工作。特别是高职类院校，以交通职业技术学院为例，其开设的课程多与公路工程有关，包括公路工程计量与控制、桥涵施工与计量、公路施工组织设计、公路工程造价、公路工程费用监理、公路建设招标与投标、公路工程定额与管理、公路工程案例分析等。

（四）财经类院校工程造价专业课程设置情况及培养目标

对于开设在财经类院校的工程造价专业，侧重于培养学生投资和财务能力，致力于将学生培养成以经济分析理论与方法为基础，从事工程造价管理和工程财务管理等工作的一线技术经济应用型人才。其课程中技术类课程相对其他类院校较少，管理和经济类的课程占有较大比例，而且经济类课程中除了会计、财务及经济类课程外，还包括审计、资产评估、项目评估等课程，多侧重于对学生项目投资决策、项目评价、项目审计等方面能力的培养。

我国"厚基础，宽口径，强能力，高素质"人才结构是现代高等院校人才培养的基本目标，但开设工程造价专业的不同高等院校的课程设置会出现一定程度差异[①]。因此本报告选取不同层次和不同学术背景的院校作为样本，通过调研获得各个学校工程造价专业课程开设情况，并统计分析各个批次和类别平均每所学校的技术类、管理类、经济类、法律法规类等四大平台课程设置比重，以期使各类院校课程设置特点更加突出，具体各批次院校开设课程情况如图10-11所示。

调研后发现，开设工程造价专业院校课程设置总体技术类课程比重最大，某些方向课程上的设置具有一定的独特性，但是课程重叠比较大，经济与管理类的课程设置比重较小，且较为分散，法律法规类课程最少。除法律法规类课程在各

---

① 尹贻林等 . 世界工程造价学科教育发展报告 [M]. 天津 : 天津大学出版社 ,2005.

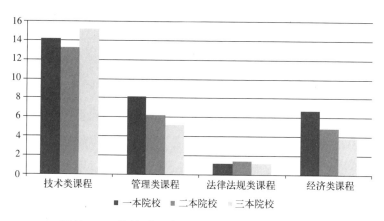

图10-11 不同批次院校工程造价专业课程设置情况

个批次院校中设置比重相近以外，其他类课程在一本、二本、三本院校中都出现不同程度的差别。一方面三本院校的技术类课程比重大于一本和二本院校，这说明三本院校相对更加注重对学生工程造价技术能力的培养；另一方面一本院校管理类课程和经济类课程设置多于二本和三本院校，且按院校批次逐渐减小比重，这说明越是等级较高的院校越注重培养工程造价学生管理能力和经济能力，学校培养更加适应市场对高素质工程造价专业人才需求趋势。另外，忽略院校批次，不同类别院校在开设课程时存在一定差异，体现出各自不同特点，具体情况如图10-12所示。

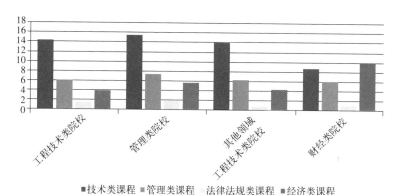

图10-12 不同类别院校工程造价专业课程设置情况

技术类课程是学校工程造价专业发展水平的重要表现，因此从图10-12可以看出多数院校对工程造价相关技术类课程都比较重视，开设课程数量较多，但财经类院校技术类课程占课程总数的比重较低；管理类院校对管理类课程相对其他院校更为重视，课程设置数量最多，技术类院校的技术类课程约是管理类课程的两倍；经济类课程在各类院校设置情况差别最大，财经类院校更加注重培养学生经济方面的能力，经济类课程设置数量占总体课程较大比重，而其他院校的经济类课程比重均低于管理类课程；法律法规类课程设置总体数量最少，其他领域的工程技术类院校法律法规类课程开设数量最少。总之，技术类院校过多注重学生专门技能和专业能力，忽略培养学生的管理能力及法律法规意识，这样的培养方式一方面容易导致学生综合职业能力较差，不利于学生长期职业规划，另一方面对未来学生执业约束力不够，影响工作质量；财经类院校对工程造价专业技术基础理论知识要求力度不够，与实践工作存在脱节现象。

相同办学层次下的不同学术背景会在一定程度上影响学校课程开设情况。一般而言，公办学校相对民办学校办学时间较长，师资设备情况较好，开设课程较为丰富，各类院校课程设置具体情况见图10-13和图10-14。

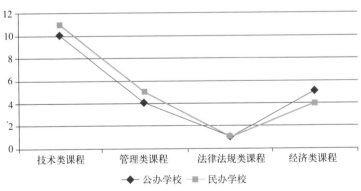

图10-13　本科院校不同学术背景下课程设置情况

由图10-13和图10-14可知，本科院校开设课程总体数量多于专科学校，本科不同学术背景下的院校各类课程设置比重基本一致，公办学校更加侧重对学生经济方面能力的培养。专科院校不同学术背景下技术类课程和经济类课程设置情况相差较大，公办院校开设技术类课程较多，经济类课程相对较少，而民办学校

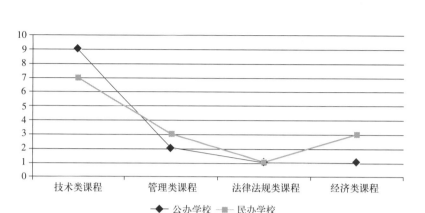

图10-14　专科院校不同学术背景下课程设置情况

管理类课程和经济类课程相对较多，技术类课程少。可见，现阶段我国开设工程造价专业的专科院校总体数量较多，不同学校的学生培养导向不同，管理部门对学校的专业认证及评估制度不够完善，一些学校过分注重招生数量，忽视学生就业，各类课程设置比重缺乏标准，学生能力培养与现有市场需求不能完成较好地契合，在一定程度上影响了我国工程造价行业专业人才的质量。

综上所述，我国现阶段开设工程造价专业的高等院校学生培养目标，培养方案及课程设置情况会因为自身院校自身特点产生差异。课程设置总体包括以下特点：

（1）技术类院校多侧重培养学生的计量计价能力，工程技术课程设置比重较大，专业领域工程技术类院校在课程设置具有一定的独特性，但是课程的重叠比较大，而经济与管理类的课程设置则比重相对较小，在适应现阶段我国全面的工程造价管理体系的发展特点上存在缺陷；

（2）管理类院校注重学生的工程造价管理能力，更能体现我国专业人才以"工程价款"为核心的造价管理发展趋势，适应市场需求；

（3）财经类院校更多地从经济角度培养工程造价专业人才，注重投资分析；

（4）课程设置内容缺乏系统性，存在交叉重复和先后顺序颠倒等现象；

（5）开设工程造价专业的本科院校课程设置立足于本科教育，重理论轻实践，与专业人才未来执业衔接性较差；

（6）开设工程造价专业的专科院校，特别是非公办院校的课程设置广而不精，学生能力培养较为混乱。因此，对开设工程造价专业高等院校的管理体系需亟待完善，有关部门应逐步根据市场需求，设置有关能力标准，据此给院校的专业课程设置和培养方案指明方向，实现工程造价专业人才发展与高等教育对接。

三、工程造价专业与实践结合现状

工程造价专业致力于应用型人才培养，注重在校期间使学生获得分析和解决实际问题的能力，而高等教育是人才培养和市场需求之间连接和转化的桥梁[①]，在高校中实施专业认证制度，不仅有利于整合各个利益相关者力量，建立统一的能力标准体系，对学校实施监控，而且能够保证工程教育人才培养质量的不断提高[②]。因此，为推动工程造价行业复合型人才培养、促进高等院校工程造价专业教育与教学、提高毕业生综合能力与用人单位的匹配度（依据国务院办公厅《关于加强普通高等学校毕业生就业工作的通知》（国办发〔2009〕3号）等文件精神），2011年11月中价协发布文件（中价协函〔2011〕020号）决定在天津理工大学、西华大学、华北电力大学三所学校中开展双证书认证试点工作，2012年新增3所高校：沈阳建筑大学、山东建筑大学、重庆大学。

"双证书"制度是由中价协及其归口管理单位对具有工程造价专业的普通高等院校及其应届本科毕业生进行认证，对通过认证考核并获得毕业证的学生，除学校颁发毕业证书外，再由中价协统一颁发《全国建设工程造价员资格证书》。国内工程造价双证书认证的内容既包含对高校资格申请的认证管理，也包括对高校应届本科毕业生造价员资格申请的认证考核，重点是对毕业生能否满足造价员所需的专业能力进行认证考核[③]。也就是说现阶段我国双证书制度实施的焦点是高校应届毕业生进行造价员资格的考核，但我国对专业认证标准、认证内容的规定并不明确[④,⑤]，而且对高校毕业生专业能力认证考核的程序和标准不完善也未

① 尹贻林，白娟．应用型工程造价专业人才培养模式的探索与实践——以天津理工大学为例 [J]. 中国工程科学，2015,17(1):114-119.
② 韩晓燕，张海英．专业认证、注册工程师制度与工程技术人才培养 [J]. 高等工程教育研究，2007 (4)：38-41.
③ 严玲，邓新位，闫金芹．应用型本科工程造价专业双证书认证模式研究 [J]. 高等工程教育研究，2014(5):72-78.
④ 韩晓燕，张彦通．我国高等工程教育专业认证组织的构建方向 [J]. 高等工程教育研究,2006(2).
⑤ 都昌满．对我国工程教育专业认证试点工作若干问题的思考 [J]. 高等工程教育研究,2011(2).

达到共识^①。

第三节 行业高等教育发展趋势

一、工程造价专业面临信息化建设的挑战

信息化正在引发当今世界的深刻变革，我国工程造价行业为得到更多的国际市场，住房和城乡建设部标准定额司发布的《工程造价行业发展"十二五"规划》立足工程造价行业特色，明确了"十二五"期间工程造价行业信息化发展的主要任务，包括建立和完善工程造价信息要素收集、发布相关制度和工程造价信息数据标准，推进工程造价信息化系统建设；开展造价指数研究和发布工作；加强人工、材料、施工机械等要素价格发布制度建设，完善工程造价指标指数的信息发布工作。

BIM 是造价信息化的重要组成部分，住建部在《2011 ~ 2015 年建筑业信息化发展纲要》中将发展 BIM 列为"十二五"规划的总体发展目标之一，并明确提出要"推动基于 BIM 技术的协同设计系统建设与应用"^②。这一新技术的出现给人们的工作带来便利：首先是效率高，BIM 的出现大大提高信息的传递效率，实现各工种、各参与方的协同作业；其次是精确性，BIM 的自动化算量可以摆脱由于人为原因造成错算、漏算，得到更加客观、准确的数据；然后是动态性控制，BIM 建立的工程关系数据库有助于研究超额或完不成定额的原因，及时掌握变化的信息，并对定额实行动态管理和及时调整修订；最后是宏观把控，BIM 模型通过互联网集中在企业建立总部服务器，实现总部与项目部的信息对称，使总部加强对全局的管控能力^{③,④,⑤}。BIM 可以解决全过程项目过程中的孤岛问题，也是解

---

① 严玲，邓新位，闫金芹．应用型本科工程造价专业双证书认证模式研究 [J]．高等工程教育研究，2014(5):72-78.

② 中华人民共和国住房和城乡建设部．2011~2015 年建筑业信息化发展纲要 [EB/OL].2011-5-10.http://www.gov.cn/gongbao/content/2011/content_2010588.htm.

③ 王婷，肖莉萍．国内外 BIM 标准综述与探讨 [J]．建筑经济,2014（5）:108-111.

④ 李函霖．论 BIM 技术对工程造价管理的作用 [J]．企业科技与发展,2013（11）:87-89.

⑤ 王广斌，张洋，谭丹．基于 BIM 的工程项目成本核算理论及实现方法研究 [J]．科技进步与对策,2009/26(21):47- 49.

决我国长期以来存在设计体系与定额体系接口问题的有效途径。另外住房和城乡建设部信息中心主持编写的《中国建筑施工行业信息化发展报告（2015）：BIM深度应用与发展》中指出：BIM技术在我国建筑施工行业的应用已逐渐步入注重应用价值的深度应用阶段，并呈现出BIM技术与项目管理、云计算、大数据等先进信息技术集成应用的"BIM+"特点，正在向多阶段、集成化、多角度、协同化、普及化应用五大方向发展[①]。因此，为了我国工程造价信息化发展，我国工程造价高等教育应致力于培养信息化复合型人才。一方面增加工程造价专业学生对BIM等信息化的重视程度，开设专业的BIM技术及相关课程，使学生熟练掌握BIM软件及未来BIM发展动向；另一方面调整高校学生知识结构，加强学校传统课程与BIM实践课程的整合，使其成为熟悉信息技术的专业人才，提高未来服务质量。

二、专业课程设置应符合"以工程价款为核心的工程造价管理"目标

我国工程量计价模式由定额计价到清单计价的转变使得工程造价专业人才要从传统的套定额计量计价发展到以工程价款为核心的工程造价管理，进而发展到提供从前期策划到最终结算的全过程造价管理服务。《工程造价行业发展"十二五"规划》中明确提出"着力提升工程造价管理在工程建设事业中的地位和作用"，为进一步推进建设工程造价科学管理提供了理论依据。现代化全过程造价管理要求工程造价专业人才应着眼于建设项目全寿命周期的最大价值，以价款管理为核心，以合同管理为前提，以准备的工程计量与计价为基础，通过不断优化设计提升项目价值或降低项目工程成本，最终实现工程造价的合理控制。同时，要求工程造价管理应以合同方式来管控工程，以及以交易方式来确定工程价格，充分发挥合同在工程造价管理中的前提作用。

面对这一环境变化的挑战，我国工程造价专业学生的课程设置应做出相应调整，逐步加强高校学生在全过程造价控制与管理、前期投融资决策、风险管理、价值管理、投资战略规划、信息化等多方面技能。一方面改变高校工程造价专业

---

① 2015中国建设行业年度峰会 http://www.aecichina.com/portal/report/report/m/62.html.

过多强调技术类课程，忽视管理类、经济与财务管理类，尤其是信息化技术、法律和合同类课程偏少的现状，在课程设置上突出项目的全寿命周期、全过程、全要素的全面造价管理思想，加强学生对建设工程实施以造价管理为核心的全面的项目管理；另一方面根据工程造价专业实际工作需要，加强工程造价专业学生对确定性造价因素、完全不确定性造价因素和风险性造价因素预测与掌控能力，实现未来全风险造价管理。总之，通过高等院校对造价专业人才的培养，逐步构建以工程造价管理法律法规为制度依据，以工程造价标准规范和工程计价定额为核心内容，以工程造价信息为服务手段的工程造价管理体系步伐，促进行业健康有序发展。

三、工程造价专业需与实践紧密结合

（一）完善及推广"双证书"制度

研究发现，虽然我国为造价咨询行业健康发展，拓宽市场，高校开始实施了过渡性质的"双证书"认证模式[①]，但一方面我国对专业认证标准、认证内容的规定并不明确[②、③]，现有对高校学生专业能力的认证考核程序和标准不完善；另一方面由于专业认证考核并未达成共识，目前仅有六所高校实施"双证书"专业认证，因此本报告认为有必要完善和推广"双证书"制度，提高未来工程造价专业人才专业素养，促进工程造价咨询行业长远发展。

1. 执业能力靶向，"双证书"制度的建立与实施

中价协负责全国造价员资格认证的组织和管理工作，负责制定造价员资格认证标准、成立中价协院校资格认证评审委员会，对具有工程造价专业的高等院校实施"双证书"制度的资格认证工作。中价协制定《高等院校工程造价专业具备造价员培养资格认证标准》、《工程造价专业学生造价员能力培养标准》，各省、自治区、直辖市及有关部门的造价员归口管理机构依据造价员资格认证标准，负责本地区资格院校学生的"工程造价专业认证"。

---

① 严玲，戴安娜，闫金芹. 应用型本科专业认证制度的实施模式研究 [J]. 复旦教育论坛,2013,11(5):63-68.

② 韩晓燕，张彦通. 我国高等工程教育专业认证组织的构建方向 [J]. 高等工程教育研究,2006(2).

③ 都昌满. 对我国工程教育专业认证试点工作若干问题的思考 [J]. 高等工程教育研究,2011(2).

2. 资历限制与 APC 考核相结合，保障毕业生基本执业能力

开设工程造价本科专业且具有三届以上毕业生或以上条件的高等院校，具有向学校所在地区管理机构提出资格院校认证申请资格。中价协联合各地区管理机构每两年对资格院校认证申请进行审查、评估和复审，颁发认证合格证书，或限期整改或取消资格。中价协专家及高校教师共同研究制定 APC 测试手册，组成 APC 考核小组，对学生是否具备进入行业的基本能力进行考核，学生考核合格才能获得造价员证书，未通过认证考核，则需补考通过以此作为毕业生执业能力的保证。

3. 准入门槛设置，从根本上提高人才输出质量

工程造价专业认证制度实施后，资格院校按照《能力培养标准》要求推荐和汇总符合造价员资格申请条件的工程造价专业本科应届毕业生，向所在地区管理机构集中提出办理申请造价员证书。首先，未达到要求或未能取得资格院校毕业证书的毕业生不符合造价员资格申请条件；其次，中价协联合各地区管理机构按《能力培养标准》的要求对以上申请进行审核，对合格者颁发由中价协统一印制的《全国建设工程造价员资格证书》，注明建筑工程专业。工程造价专业人才的准出控制，从根本上提高了工程造价专业人才的输出质量。

在完善"双证书"制度的基础上，有关部门采取相应措施加大力度实现该制度在我国其他高等院校的应用，逐步解决我国工程造价专业人才高校培养与未来执业发展的衔接问题。

（二）建立工作坊

重视专业实践环节的教学、重视综合能力培养的观点在国内应用型本科实践教学中引起了广泛共识[①]，因此许多开设工程造价专业的学校旨在培养具备工程技术、经济、管理和法律法规知识，能为企业、行业服务的应用型、复合型工程化人才，在课程设置上适当安排实践环节，包括认知学习，课程设计，专业实习和毕业实习等。但一方面传统的实践环节无法满足现有市场对以工程价款管理为

---

① 严玲等. 基于扎根理论的工程管理类本科工作坊能力标准构建研究——以招投标与合同管理工作坊为例 [J]. 现代大学教育 ,2014(3):103-110.

核心的造价管理人才的需求，导致传统实践教学与现有市场能力需求的匹配性较差；另一方面由于原有实践环节需要大量的实习基地，并不是所有工程造价专业院校能够满足需求，降低了高校对工程造价专业学生的培养质量。因此，高等院校应当根据行业市场需求对传统的实践环节进行相应调整。

中国香港地区工料测量高等教育体系与国际上工料测量高等教育学位设置具有高度同源性和相似性，其高等教育体系中工料测量专业实践教学中最具特色的是测量工作坊（Studio）。工作坊实践教学是一种校内模拟仿真的实践教学方式，它是一种以"学生为主体、以能力为导向，以解决问题为活动"的综合实践教学模式，工作坊实践教学需要按照能力导向[①]，构建能力培养与实践教学之间的衔接体系[②]，提高能力训练的针对性；同时工作坊实践教学的内容设置应体现解决问题的训练方式，在学生解决问题过程中实现与理论教学的有机结合。因此，高校应建立工作坊实践教学并在基于能力要求的指引下培养学生解决问题的实践技能，进而使培养的学生满足行业或市场对其专业能力的要求[③]。

研究发现，香港地区工料测量专业的工作坊实践教学结合案例学习、项目运作等手段，将经济、管理、法律、工程技术等知识体系整合为学生必需的专业技能，形成了"能力—任务—过关问题—知识单元"的工作坊实践教学设计理念。因此，将我国工程造价专业工作坊实践教学划分为三个关键环节，即能力导向的实践教学任务分解，实践教学中过关问题的设置和实践教学的能力考评。

（1）明确能力导向为核心的工作坊实践教学模块及能力标准

行业协会应当根据实际市场需求制定完善统一的工程造价专业能力标准体系，高校根据标准体系明确能力的不同层次要求，划分为不同的能力模块及其对应的能力要素，并设置相应的工作坊，如识图算量工作坊、工程招投标与管理工作坊及项目融资工作坊等，使得学生能力训练更有针对性。

（2）设置过关问题，梳理理论教学内容并重新整合知识

在工程造价实践教学中注重问题导向，不仅可以使学生通过解决一系列过关

① 王云儿．美国高等教育认证制度发展新趋势探析与启示 [J]. 中国高教研究 ,2011,(2):45-48.
② 夏建国，刘晓保．应用型本科教育：背景与实质 [J]. 高等工程教育研究 ,2007,(3):92-95.
③ 严玲等．基于能力导向的工作坊实践教学研究——以天津理工大学工程造价专业为例 [J]. 现代教育技术 ,2014,24(6):113-121.

问题完成实践能力的训练，还可以将理论教学内容进行整合并重新梳理，打破原有的知识单元，按照能力要素和对应的任务设置知识单元，灵活处理实践中复杂多变的问题，活学活用。

（3）规范并评价实践教学任务成果

工作坊实践教学能力考评体系不仅是保证专业能力培养目标实现的重要方法，而且有利于激励学生在未来学习中积极努力。传统的考评方式只注重学习结束后的一次性评价，忽视了在学习过程中形成的能力。因此工作坊实践教学的专业能力考评要重视对实践过程的质量保证，通过面试或书面考试结合的方式考查学生通过完成实践教学内容中的具体任务，是否具备相应的能力，并对工作坊实践教学的过程和结果进行全过程监督和考察。

综上所述，我国工程造价专业的高等教育体制应当迎接信息化建设、工程造价管理转变以及实际工作带来的各种挑战，及时调整招生规模、师资力量、课程设置及实践环节，培养顺应时代发展，满足行业市场需求的高素质高水平的复合型工程造价专业人才。

1月15日　住房和城乡建设部社团一党委国中河副书记与机关工会杨林同志代表国家机关党工委和部机关党委及工会，带来关怀和温暖，到中价协慰问困难职工，同时向协会职工致以新春的问候。

1月29日　中华人民共和国国家发展和改革委员会发布了《中央预算内直接投资项目管理办法》，自2014年3月1日起施行。

2月19日　中价协发布了《中国建设工程造价管理协会2014年工作要点》，提出2014年协会工作要点为：一、配合政府主管部门开展立法工作，完成部交办的工作；二、完善工程造价管理专业标准和规范；三、建立健全工程造价行业诚信体系，提高行业信用管理水平；四、履行协会服务职能，促进会员服务工作上新台阶；五、加强人才队伍建设，适应市场经济发展需要；六、推动行业信息化工作发展的进程；七、加强行业宣传力度，提高社会认知度；八、做好秘书处自身建设，丰富党建和行业文化活动。

3月　四川省扶贫和移民工作局与四川省扶贫基金会派专人亲赴凉山州普格县，在当地政府部门协助下，翻山越岭将中价协的捐款、祝愿和希望送到了吉木尔拉、曲木尔色、比布比惹、博什也苦、土比阿散、吉好尔吾、吉好衣勒、吉木莫惹阿木、吉吾尔海、斗布次惹、斗布有尔、吉克莫有歪、吉支色土、贾使日达、柳莫日跑和怕差此土等共计16户特困群众家中。

3月4号　中价协在贵阳市针对中华人民共和国住房和城乡建设部于2013年发布的《建筑工程施工发包与承包计价管理办法》（住房和城乡建设部令第16号），召开了宣贯会议。会议对《建筑工程施工发包与承包计价管理办法》进行了修订说明及条文详解，并对相关案例法律进行了评析，对相关操作提出了建议。

3月14日　中价协面向会员单位，在北京建筑大学举办了题为"论新公司法实施对造价咨询企业未来发展的影响"的公益讲座。此次讲座中价协邀请了专业律师深度解读了"新公司法"，针对"新公司法"的变化和影响，以及各类公司形式和特点，特别针对造价咨询企业各股权形式的利弊进行了剖析，并结合真实诉讼案例讲解了工程造价咨询企业各类风险及防范。

3月25日、27日　中价协专家委员会发展委员会会议分别在江西省南昌市、海口市顺利召开。与会委员听取了刘嘉副理事长关于《勘察设计行业发展报告》的介绍，对《中国工程造价咨询行业发展报告（2014版）》进行了认真的研究，听取了武汉理工大学关于《工程造价咨询企业诚信体系建设实施方案研究》课题的介绍。此次会议的顺利召开为《中国工程造价咨询行业发展报告（2014版）》和《工程造价咨询企业诚信体系建设实施方案研究》课题下一步工作指明了思路和方向，对今后行业发展规划起到了很好地促进和指导作用。

4月22日　经中价协批准，中价协化工委在福州召开第五届委员会第一次会议，中价协化工委第四届委员会主任委员刘汉君做了题为"总结经验，积极探索，为化工工程建设造价事业健康发展而奋斗"的工作报告。会议经选举产生了第五届委员会工作机构。

4月24日、25日　为做好《建筑工程施工发包与承包计价管理办法》（住房和城乡建设部令第16号）的宣贯工作，中价协与北京建设工程造价管理协会在北京市联合召开宣贯会议，来自北京以及北方部分省市建设、施工、造价咨询等单位相关专业人士近 300 名参加了本次会议。

5 月 以中价协徐惠琴理事长为团长的中价协代表团先后出访了马来西亚和澳大利亚。徐理事长以亚太区国际工料测量师学会（PAQS）轮值主席和中价协理事长的双重身份，先后拜会了马来西亚工料测量师管理委员会（BQSM）和 PAQS 的成员组织之一的马来西亚皇家工料测量师学会（RISM），走访了 PAQS 设在马来西亚的秘书处。本次出访加强了我协会与其他 PAQS 组织之间的相互了解，加深了彼此的友谊，并为提升我国工程造价行业在亚太区乃至世界范围的影响力和未来工程造价专业在全球范围内的健康可持续发展做出了有意义的努力和尝试。

6 月 17 日～19 日 中价协在济南召开全国工程造价管理协会工作会议，包括中价协理事长会议和全国工程造价秘书长会议。会议由中价协徐惠琴理事长主持，来自全国各省市 30 多位协会理事长及秘书长出席会议。会议目的是提高对社会组织建设的认识，充分发挥各级协会在工程造价行业管理中的作用，共同学习交流，统一认识。

7 月 中价协获得民政部颁发的中国社会组织评估 4A 级社会组织称号。

7 月 25 日 为贯彻落实《关于推进建筑业发展与改革的若干意见》（建市〔2014〕92 号），加快推进建筑市场监管信息化建设，保障全国建筑市场监管与诚信信息系统有效运行和基础数据库安全，住建部制定了《全国建筑市场监管与诚信信息系统基础数据库数据标准（试行）》和《全国建筑市场监管与诚信信息系统基础数据库管理办法（试行)》。

8 月 26 日～28 日 中价协吴佐民秘书长一行三人赴吉林省和辽宁省就《工程造价咨询企业信用评价办法》和《工程造价咨询企业信用评价标准》开展专题调研，听取造价咨询企业关于信用评价办法和标准的意见和建议，为进一步完善信用评价办法和标准提供了依据，为下阶段推广和落实信用评价工作奠定了基础。

9月30日　为完善市场决定工程造价机制，规范工程计价行为，提升工程造价公共服务水平，住房和城乡建设部发布了《住房和城乡建设部关于进一步推进工程造价管理改革的指导意见》，提出以下几点主要任务和措施：一、健全市场决定工程造价制度；二、构建科学合理的工程计价依据体系；三、建立与市场相适应的工程定额管理制度；四、改革工程造价信息服务方式；五、完善工程全过程造价服务和计价活动监管机制；六、推进工程造价咨询行政审批制度改革；七、推进造价咨询诚信体系建设；八、促进造价专业人才水平提升。

10月11日　为了提升工程造价管理机构技术骨干的业务素质，适应市场经济的发展，传承对造价管理机构人才培养的理念和做法，住房和城乡建设部标准定额司举办的2014年工程造价管理机构技术骨干班在天津理工大学管理学院正式开课，来自全国各省、自治区住房和城乡建设厅，直辖市建委（建交委）的近60名学员参加学习。

10月30日　为贯彻落实《住房和城乡建设部关于进一步推进工程造价管理改革的指导意见》（建标〔2014〕142号），明确工程造价管理改革工作任务分工及进度要求，住建部制订了《工程造价管理改革工作任务分工方案》。

10月31日　中价协以〔2014〕50号文印发了《中国建设工程造价管理协会关于公布2012～2013年度先进单位会员评选结果的通知》，公布了评选出的140家先进单位会员和20家先进同业协会。

10月18日～22日　中价协派出了由吴佐民秘书长担任团长的中国代表团，出席了在意大利米兰召开的国际造价工程联合会（International Cost Engineering Council，简称ICEC）第九届世界大会，大会的主题是"重建工程的全面造价管理"。

11月3日　为贯彻落实党的十八届三中、四中全会精神，适应中国特色新型城镇化和建筑业转型发展需要，住房和城乡建设部召开全国工程造价管理改革工作会议，部署落实"进一步推进工程造价管理改革的指导意见"。住房和城乡建设部部长陈政高做出重要批示。住房和城乡建设部副部长陈大卫在讲话中强调，进一步深化工程造价管理改革要注重战略思考，把握正确方向，处理好政府和市场、继承与创新等4个关系。

11月18日　国际造价工程师协会（AACE）前主席Stephen先生、下任候选主席Julie Owen女士、中国分会主席沈峰先生一行3人访问了中价协，通过此次访问，加深了我协会与AACE之间的联系和了解，期间达成多项合作意向，将为企业和会员提供更宽广的国际舞台。

11月26日　《工程造价行业"十三五"规划》（以下简称《规划》）大纲审查会在京召开。会议中，与会专家从不同角度对规划大纲提出了宝贵的建议，为《规划》初稿的编写指明了方向。

11月27日　韩国测量师协会现任主席芸先生对中价协进行友好拜访，舒宇主任对PAQS情况进行了简要通报，并与芸先生对韩国测量师协会如何加入PAQS成为准会员进行深入商讨。

12月2日　为贯彻落实工程造价管理改革会议精神，加强对改革工作的宣传，住房和城乡建设部印发了《关于编印工程造价管理改革工作动态的通知》，建立工程造价管理改革工作通报制度。

12月10日　中价协在南京组织召开理事长办公会，徐惠琴理事长、谢洪学、周尚杰、刘嘉、王中和、胡传海、郭怀君、沈维春、何建宇、张顺民、郭瑜、白丽亚副理事长，吴佐民秘书长出席了会议，中价协副秘书长刘朝阳、施笠及各部门主任列席会议。会议原则同意在第六届理事会第二次理事会上审议并表决《个人会员管理办法》（试行）、《工程造价咨询企业信用评价办法》和《标准》。暂不对《会员执业违规行为惩戒暂行办法》进行审议和表决，建议通过本次大会进行征求意见，待行业自律公约和实施细则等配套措施完备后再提交大会审议。

12月12日　受住房和城乡建设部标准定额司委托，《工程造价专业人才培养与发展战略研究》初稿审查会在南京召开。该战略研究对于加强工程造价专业人才队伍建设，着力培养高层次工程造价专业人才，并以此引导和带动我国工程造价专业人才队伍的健康发展具有重要的现实意义。与会专家针对研究报告各章节内容进行了讨论和交流，为研究报告的完善提出了许多宝贵的意见。专家指出，研究报告的结构需进一步完善，建议对造价人才层次化进行细致的研究，同时提出部分内容应结合现阶段的发展趋势进行修改。

12月15日　中价协发布了"中价协关于表彰全国工程造价管理类优秀期刊暨2014年《工程造价管理》期刊发行先进单位及优秀通讯员的决定"，对评选出的72家第十三届全国工程造价管理类优秀期刊予以表彰，并对四川省建设工程造价管理总站等7家期刊发行先进单位及曹红等23名优秀通讯员进行表彰，以资鼓励。

12月19日　中价协在北京召开了"工程造价行业信用信息管理平台测试会议"，会议首先由李萍代表标准定额司对此项工作提出了要求。中价协资质和行业自律部席小刚同志汇报了平台的总体架构和建设情况，平台开发单位对平台各项功能进行了演示。参会代表结合本省（行业）信用信息管理工作，对本平台各项功能的流程设计和表现内容提出了具体意见和建议。

12月23日　为促进全国工程造价咨询企业诚信体系建设，中价协受住房和城乡建设部标准定额司委托在北京召开了《工程造价咨询企业诚信体系建设实施方案研究》课题审查会议。会中吴佐民秘书长简要介绍了中价协2014年课题研究工作进展情况，总结了《工程造价咨询企业诚信体系建设实施方案研究》课题所做的主要研究工作，表示此课题的研究将对工程造价咨询企业的发展产生深远影响，希望各位专家能够提出宝贵意见、严格把关，共同将此项工作做得更好。

附录二

2014年重要政策法规清单

一、国家发展和改革委员会

《中央预算内直接投资项目管理办法》国家发展和改革委员会 2014 年第 7 号令

《政府核准投资项目管理办法》国家发展和改革委员会第 11 号令

二、住房和城乡建设部

《建筑工程施工发包与承包计价管理办法》建设部第 107 号令

《建筑工程施工转包违法分包等违法行为认定查处管理办法（试行）》建市〔2014〕118 号

《工程建设标准培训管理办法》建标〔2014〕162 号

《住房城乡建设领域违法违规行为举报管理办法》建稽〔2014〕166 号

三、上海

《上海市建筑市场信用信息管理暂行办法》沪建管联〔2014〕320 号

《上海市建设工程工程量清单计价应用规则》沪建管〔2014〕872 号

四、重庆

《重庆市建设工程安全文明施工费计取及使用管理规定》渝建发〔2014〕25 号

五、吉林省

《施工企业社会保险费计取有关规定》吉建造〔2014〕19 号

《吉林省建筑工程最高投标限价（招标控制价）管理规定》吉建发〔2014〕22 号

六、辽宁省

《辽宁省建设工程施工合同管理规定》辽住建发〔2014〕8 号

七、宁夏

《宁夏回族自治区建设工程工程量清单招标控制价管理办法》宁建（科）〔2014〕26 号

八、青海省

《青海省建设工程造价动态信息发布使用办法》青建工〔2014〕252 号

九、江苏省

《江苏省工程造价咨询企业信用评价办法》苏建价协〔2014〕10 号
《盐城市建设工程造价管理办法》盐政规发〔2014〕4 号
《无锡市建设工程造价管理办法》市人民政府第 144 号

十、安徽省

《安徽省建设工程造价管理条例》省人大常务委员会公告第 20 号

十一、湖北省

《武汉市工程造价咨询执业质量检查办法》武建标定〔2014〕2 号
《武汉市建设工程造价咨询档案管理指导意见》武建标定〔2014〕3 号

十二、湖南省

《湖南省建筑工程材料预算价格编制与管理办法》湘建价〔2014〕170 号
《湖南省建设工程计价办法》湘建价〔2006〕330 号

十三、河南省

《河南省建设工程计价依据解释管理办法》豫建设标〔2014〕30号

十四、河北省

《河北省建筑工程造价管理办法》河北省人民政府〔2014〕8号

十五、广东省

《广东省建设工程造价管理规定》粤府〔2000〕25号

十六、福建省

《福建省建设工程造价指标编制暂行办法》闽建价〔2013〕47号

《福建省建设工程造价指标数据评审暂行办法》闽建价〔2014〕25号

《福建省工程造价咨询成果文件网上备案检查暂行办法》闽建价〔2014〕51号

《福建省工程造价咨询成果文件质量检查暂行办法》闽建价〔2014〕52号

十七、浙江省

《浙江省建设工程结算价款争议行政调解办法》浙建〔2014〕12号

行业重要奖项及表彰名单

（1）中价协获得民政部颁发的中国社会组织评估 4A 级社会组织称号。

（2）优秀工程造价成果奖（附表 3-1、附表 3-2）。

第四届优秀工程造价成果奖　　　　　　　　　　　　附表3-1

编号	项目名称	编制单位名称	获奖人员				
			一等奖				
A001	《2011～2012年投产电力工程项目造价情况》	电力规划设计院	吕世森	张健	唐易木	杨庆学	郭建欣
A002	《水电工程设计概算人工费调整机制及方法专题研究》	北京峡光经济技术咨询有限责任公司	席建国	吴新	周松	陈宇	赵伟
A003	《神华信息化建设项目计价与取费办法》	中国神华国际工程有限公司	李福胜	苏晓辉	杨太林	张朝阳	白耀清
A004	中国移动通信集团广东有限公司三水数据中心（华南大区物流中心）概算至结算阶段造价咨询成果文件	广州永道工程咨询有限公司	许锡雁	周舜英	董礼伟	王芳	林玉茹
A005	上海海事大学临港新校区一、二、三期建设项目全过程造价管理文件	上海申元工程投资咨询有限公司	金菁	朱明	张美	徐静	杨杰
A006	上海市虹桥综合交通枢纽交通中心工程全过程造价咨询文件	中国建设银行股份有限公司上海市分行	杨珂	徐金龙	承思宇	陈弋	漪琦
A007	天津英式特色街区建设项目工程造价全过程管理文件	天津市建设工程咨询有限公司	杨连仓	聂帆	张磊	李裕	霍熠

续表

	一等奖						
编号	项目名称	编制单位名称	获奖人员				
A008	泸州市茜草长江大桥建设工程全过程咨询文件	四川华信工程造价咨询事务所有限责任公司	周静	杨娅婷	杨宇	荘伟	叶晓
A009	江苏华电戚墅堰2×220MW燃机热电联产工程施工图预算文件	中国电力工程顾问集团华东电力设计院	冯志勇	郭春彦	韩晨	陈士中	徐姣
A010	伊拉克哈发亚油田初始商业产能基本设计概算文件	中国石油集团工程设计有限责任公司北京分公司	宋国红	李翔	赵洪梅	侯晓辉	王蓬渤
A011	青草沙水库及取输水泵闸工程初步设计报告（第九分册）设计概算文件	上海勘测设计研究院	茅黎英	张敬国	刘文帅	朱云鹃	吴彩娥
A012	萝岗中心医院土建总承包施工及总承包管理配合服务项目工程结算评审报告	广东中量工程投资咨询有限公司	何丹怡	陈金海	张建平	刘德周	谢钦培
A013	宝丰80万t/a（铁精粉）选矿厂、尾矿库建设工程结算审核报告	河北卓越工程项目管理有限公司	谷志华	杨永香	张俊莹	杨振波	魏兴龙
A014	一汽吉林汽车有限公司提高产品竞争力技术改造项目（三）结算审核报告	吉林兴业建设工程咨询有限公司	高皓	张丹妮	佘大军	韩俊芳	樊丽秋
A015	上海轨道交通7号线工程投资监理暨概算投资咨询报告	上海第一测量师事务所有限公司	沙炳新	金兵	高雯	祝真	王兰军
A016	新建路越江隧道新建工程项目结算审核报告	万隆建设工程咨询集团有限公司	常征	范本山	罗俊	程辉	胡祥俊
A017	昆明市三环闭合（西、北段）工程建安工程项目竣工结算评审报告	昆明松岛工程造价咨询有限公司	张志刚	田国华	习有艳	陈姣	
A018	关于广东省吴川市土木建筑工程公司与贵州华电大龙发电有限公司结算纠纷案的司法鉴定意见书	昆明华昆工程造价咨询有限公司	汪松森	王建南	赵云海	赵荣仙	陈红岩
A019	珠海港高栏港务多用途码头二期工程工程量清单及招标控制价编制报告	珠海明正建筑工程管理有限公司	刘余勤	何艳云	李志坚	姚定坤	王祝丹

续表

二等奖						
编号	项目名称	编制单位名称	获奖人员			
B001	《工程造价咨询手册》	北京金马威工程咨询有限公司	周和生	尹贻林	吴佐民	
B002	《城市轨道交通工程施工专用合同条款解析和案例分析》	北京中昌工程咨询有限公司	张启龙	郭怀君		
B003	《山地建筑造价影响因素及管理要点分析研究》	中信工程项目管理（北京）有限公司	李秀平	包发全	李文	宋琨	苏莉颖
B004	《喀什市建设工程价格信息平台系统》	深圳市斯维尔科技有限公司	何文	赛绪志	胡毅军	胡魁	郑腾州
B005	《四川高海拔地区电网工程有关费用调整研究报告》	国网四川省电力公司	赵奎运	赵晓芳	何远刚	肖红	刘勇
B006	《雅砻江锦屏二级水电站引水隧洞施工技术经济研究》	中国电建集团华东勘测设计研究院有限公司	陈方平	杨君	吴荣民	史伟达	李强
B007	《铁路工程造价标准体系研究》	铁路工程定额所	温馨	李连顺	付建斌	张飞涟	王中和
B008	《2013版电力建设工程定额和费用计算规定》	电力工程造价与定额管理总站	郭玮	董士波	许子智	任长余	解改香
B009	河南中烟工业有限责任公司新建经营管理业务用房项目施工阶段全过程跟踪审计报告	北京诚和工程造价事务所有限公司	孙占国	闫重起	王灿荣	孙季	董彬
B010	佛山市南海区桂城东区路网BT项目全过程造价咨询文件	广东宏正工程咨询有限公司	易中华	劳迪昊	陈景荣	黄永纪	陈敏珊
B011	深圳市北环大道路面修缮及交通改善工程实施阶段全过程造价咨询文件	深圳市航建工程造价咨询有限公司	陈曼文	于军	孟媛	钱忠美	陈晓星
B012	珠海港商业中心全过程造价咨询文件	珠海德联工程咨询有限公司	郝冰	林琳	肖超成	彭晞	彭延
B013	上海2010世博会城市未来探索馆及气象景观塔项目全过程造价咨询文件	上海华瑞建设经济咨询有限公司	冯琦	薛春屹	黄兵	刘元栋	朱汲赟
B014	空客A320系列飞机中国总装线项目全过程造价咨询文件	天津市兴业工程造价咨询有限责任公司	李春明	史红彬	于晓静	孙梦婵	杨秀梅

续表

	二等奖						
编号	项目名称	编制单位名称	获奖人员				
B015	重庆市轨道交通一号线朝沙段工程11标段高庙村车站及区间隧道工程全过程造价咨询文件	重庆信永中和工程管理咨询有限公司	王良彬	程映	景志兵	文锦华	张杰
B016	大连期货大厦项目全过程造价咨询文件	中国建设银行股份有限公司大连市分行	李纲	李郁楠	阮颖	何为	刘普逸
B017	首都医科大学附属北京天坛医院迁建工程初步设计概算编制文件	北京筑标建设工程咨询有限公司	王中里	张建红	张月玲	傅振宇	杜斌
B018	南滨公园海棠烟雨景区音乐喷泉广场建设工程预算编制报告	重庆泓展建设工程咨询有限公司	莫非	章秋艳	李琴	张永红	
B019	时速350km动车组制造基地建设项目结算审计报告	信永中和（北京）国际工程管理咨询有限公司	陈志宏	汪晖	王立新	杨丽	孙继平
B020	北京朝来高科技产业园9~15号楼工程结算报告	中竞发（北京）工程造价咨询有限公司	何伟	杨占秋	高峰	张彩霞	王金英
B021	晋江市双龙路东拓一期与河滨路（浦沟路）市政工程竣工结算审核报告	福建华夏工程造价咨询有限公司	康成	黄启兴	陈林梅	方金辉	
B022	普宁市区污水处理厂工程结算审核报告	广东省国际工程咨询公司	顾伟传	程建辉	陈燕	陈海均	钟声
B023	广州新客站地区市政道路及相关附属工程（第五标段）施工总承包全过程造价咨询文件	广州建成工程咨询股份有限公司	冯航	何展明	陈美莉	方汉桥	钟光强
B024	新乡金谷时代商务广场工程竣工结算审核报告	河南中辰工程咨询有限公司	冯彦华	张明	刘战枝	尹鲜杰	范娟娟
B025	完善高速动车组制造平台建设项目车体制造厂房二工程结算审核报告	吉林中信工程建设咨询有限公司	耿玉兰	李俊来	初丛臣	王旭	杨利庆
B026	中国疫苗工程中心结算审核报告	江苏苏咨工程咨询有限责任公司	陈玲	笪青梅	魏巍	包晓鑫	何俊
B027	陕西财神文化区工程结算审核报告	陕西恒瑞项目管理有限公司	张爱民	柴琪	王广超	李爱华	杨帆
B028	太湖上景花园二期A地块低层住宅（一标段）竣工结算审核报告	上海申邑工程咨询有限公司	张南槲	赵顺发	许国培	周琪	朱琳

续表

	二等奖						
编号	项目名称	编制单位名称	获奖人员				
B029	"新希望大厦"工程工程结算报告	四川科特建设管理有限公司	黄春碧	黄海卓	陈玲	吴忠明	龙胜利
B030	自贡市垃圾焚烧发电厂项目工程竣工结算审核报告	四川明华建设项目管理咨询有限责任公司	何明芬	卢辉	明针	黄建军	徐英杰
B031	梨树湾温泉城还建房项目结算审核报告	重庆市淇澳工程造价咨询有限公司	田鑫	鲍丽丽	胡新		
B032	南京市白下区西一新村01、02幢复建房工程工程造价鉴定书	江苏华盛兴伟房地产评估造价咨询有限公司	季永蔚	梅红梅	卢辉	赵乐宁	
B033	邯郸市外环路立交桥工程结算审核报告	邯郸长城工程咨询有限责任公司	单生堂	谢娟	滕洪有	刘杰英	梁和平
B034	原水处理厂、废水处理厂等土木及安装采购合同争议司法鉴定书	上海东方投资监理有限公司	印保兴	张建荣	夏敏	郑永新	张勇
B035	重庆聚金·万佳苑6号、7号、8号、9号、10号楼工程司法鉴定书	重庆恒申达工程造价咨询有限公司	周锡彬	范渝	李权容	吕俊	
B036	甘肃警察职业学院综合培训楼工程量清单及招标控制价编制报告	甘肃中维建设造价咨询有限责任公司	王平辉	王彩云	赵合军	陈卫宁	冯杰
B037	2014青岛世界园艺博览会植物馆及其配套工程—工程量清单及招标控制价编制报告	青岛佳恒工程造价咨询有限公司	李静	张君	段新	凌心	崔春瑛
B038	成都市高新区天府大道北段966号商业用房工程11号楼工程量清单编制文件	四川建科工程建设管理有限公司	施成奇	刘秀萍	张军	李静	包颂英
B039	62省道天台段改建项目工程量清单计价编制报告	浙江同欣工程管理有限公司	李富生	沈峻	张淑萍		
B040	重庆市陶家公租房工程量清单及招标控制价编制报告	重庆天廷工程咨询有限公司	崔春芳	潘绍荣	林显秀	熊武福	周红
B041	北京交通大学科技创业大厦暨北京CBTC研发中心项目工程量清单及标底编制报告	中建精诚工程咨询有限公司	任双成	孙强	徐柏	赵珂	张广立

2013年电力行业工程造价管理优秀成果奖获奖名单　　　　附表3-2

成果序号	项目名称	获奖等级	申报单位	获奖人员名单
1	上海临港燃气电厂一期工程初步设计概算	一等奖	中国电力工程顾问集团华东电力设计院	冯志勇、丁珞、陈佳、姚进、赵维、严华山、蒋大永、陈士中
2	西昌通安110kV输变电工程全过程造价管理	一等奖	国网四川省电力公司凉山供电公司	赵奎运、甘洪、朱学峰、陶翠菊、程瑞、刘继军、钟金玉、许宏椿
3	汕尾电厂一期3、4号机组项目全过程造价咨询	一等奖	中国能源建设集团广东省电力设计研究院	林廷康、邓勋、许志明、张春源、王志会、黄雪梅、窦海峰、黄智军
4	《电缆输电线路工程建设预算项目划分导则》	一等奖	国家电网公司电力建设定额站、国网浙江省电力公司基建部	刘琦、丁伟伟、蒋翊远、徐慧君、夏华丽、叶锦树、吴海飞
5	《通信工程建设预算项目划分导则》	一等奖	国家电网公司电力建设定额站、国网浙江省电力公司基建部	刘薇、夏华丽、穆松、马卫坚、郑爱华、成菲、蒋翊远、王焱
6	《20kV及以下配电网工程建设投资项目划分导则》	一等奖	中国南方电网有限责任公司电力建设定额站	陈洁、文上勇、谈永国、冯庆燎、温锐刚、舒筱倩、林鸿波、梁英莉
7	"三通一标"贡献度分析报告	一等奖	国网北京经济技术研究院	刘薇、温卫宁、赵彪、陈立、刘学军、石改萍、和彦淼、张斌
8	大件运输措施费水平测算研究	一等奖	国网浙江省电力公司基建部	郑海、吕世森、丁伟伟、夏华丽、方靖宇、梅迪克、陈耀标、徐朝阳
9	清远"十一五"区域网电网建设投资评价	一等奖	广东电网公司电网规划研究中心	韩晓春、谢榕昌、陈铭、罗涛、张小辉、梁小川、韩淳、黄育平
10	1000kV特高压交流工程串补施工费用及GIS、HGIS施工费用标准研究	一等奖	国家电网公司交流建设分公司、中电联技经中心、国网北京经济技术研究院	黄成刚、陈广、温卫宁、张宝财、张慧翔、李媛媛、王崧
11	成都石化基地110kV输变电工程各阶段造价控制	二等奖	国网四川省电力公司成都供电公司	杨丹、赵奎运、陈贵恩、赵晓芳、刘麟、张洁
12	江苏华电威墅堰2×220MW燃机热电联产工程施工图预算书	二等奖	中国电力工程顾问集团华东电力设计院	冯志勇、郭春彦、韩晨、陈士中、徐姣、丁珞

续表

成果序号	项目名称	获奖等级	申报单位	获奖人员名单
13	江西新昌电厂 2×660MW 工程全过程造价咨询	二等奖	中国电力工程顾问集团中南电力设计院	李俊卿、唐建、刘天卉、孙晓萍、余丽萍、赵丹江
14	广西资源金紫山风电场二期工程可行性研究报告设计概算	二等奖	广西电力工业勘察设计研究院	黄建忠、王充、杨有能、庞汉文
15	220kV 布基变电站工程竣工结算审核	二等奖	广州曦达电力技术咨询有限公司	韩远荣、江贵珍、刘小青、贺渝茜、黄苑、钟春英
16	国电谏壁发电厂 2×1000MW 机组扩建工程初步设计概算	二等奖	中国电力工程顾问集团华东电力设计院	冯志勇、周一亮、韩燕、蒋大永、曹曦冬、何敏
17	220kV 南通常青输变电工程造价咨询报告	二等奖	江苏省电力建设定额站	张建平、刘毅、杨建、倪建新、何波、郝仁义
18	四川高海拔地区电网工程有关费用调整研究报告	二等奖	国网四川省电力公司	赵奎运、何远刚、肖红、陶鹏程、陈贵恩、赵晓芳
19	博微输变电工程工程量清单计价软件	二等奖	江西博微新技术有限公司	万慧建、廖成慧、于雪、卢志华、曾江佑、于磊
20	山西送电线路工程主要分部分项工程造价指标研究	二等奖	山西省电力建设定额站	张栋、王文红、郭跃平、田海涛、郭泽平、贾秩
21	电网工程设备材料价格分析方法与仿真计算模型研究	二等奖	国网北京经济技术研究院	雷体钧、蔡敬东、赵彪、史雪飞、卢艳超、苏朝晖
22	广东电网公司 2012 年电网示范工程样板点费用标准(变电部分)	二等奖	广东电网公司	谢文景、谢榕昌、赖启结、胡晋岚、张轶斐、罗涛
23	海底电缆工程预算定额框架体系	二等奖	国网浙江省电力公司基建部	叶锦树、夏华丽、丁伟伟、孟大博、王丽、吴海飞
24	工程量清单深化应用研究	二等奖	江西省电力建设定额站	吁鹏、刘景玉、任兆龙、杨超、许霞、况美玲
25	国际电力工程 EPC 总承包价格风险研究	二等奖	中国能源建设集团广东省电力设计研究院	张轶斐、李豪、邓勋、龙标宇、卢斌、王学鹏
26	四川省电力公司输变电工程造价分析报告	二等奖	国网四川省电力公司	赵奎运、何远刚、肖红、赵晓芳、陶鹏程、范荣全
27	输电线路常用基础选型经济比较分析	二等奖	中国电力工程顾问集团西南电力设计院	王寒梅、赵奎运、肖宇、何远刚、肖红、王劲
28	"十一五"输变电工程造价分析报告	二等奖	国网北京经济技术研究院	刘薇、温卫宁、赵彪、陈立、郑燕、汪亚平

续表

成果序号	项目名称	获奖等级	申报单位	获奖人员名单
29	输变电工程概预算及工程量清单一体化编制软件开发与深化应用评审	二等奖	国网浙江省电力公司基建部	傅剑鸣、叶锦树、夏华丽、丁伟伟、金川、周胜锋
30	电力工程设计评审及技术经济评价信息系统	二等奖	国网福建省电力公司经济技术研究院	唐田、陈卫东、林瑞宗、柯美峰、张铮林、陈韬

（3）2014 年优秀通讯员名单（附表 3-3）。

2014年优秀通讯员名单   附表3-3

序号	单位	姓名
1	山西省建设工程造价管理协会	曹红
2	内蒙古建设工程造价管理总站	刘澄
3	辽宁省建设工程造价管理总站	王阳
4	甘肃省建设工程造价管理总站	冯雷
5	宁夏回族自治区建设工程造价管理站	毕延青
6	新疆建设工程造价管理协会	李盛芳
7	河南省注册造价工程师协会	金志刚
8	湖北省建设工程标准定额管理总站	王波
9	浙江省建设工程造价管理总站	徐成
10	浙江省建设工程造价管理协会	丁燕
11	安徽省建设工程造价管理协会	刘志军
12	福建省建设工程造价管理总站	翁宇星
13	四川省造价工程师协会	王卫东
14	贵州省建设工程造价管理总站	赵国彦
15	北京市建设工程造价管理协会	彭博
16	天津市建设工程造价和招投标管理协会	马德增
17	重庆市建设工程造价管理总站	邱成英
18	铁路工程定额所	温馨

续表

序号	单位	姓名
19	中国建设工程造价管理协会 建行委员会	宁德保
20	唐山市工程建设造价管理站	王卫东
21	南通市建设工程造价管理处	周 峰
22	武汉市建设工程造价管理站	付建华
23	深圳市建设工程造价管理站	赛绪志

（4）2014年《工程造价管理》期刊发行先进单位名单（附表3-4）。

2014年《工程造价管理》期刊发行先进单位名单　　　　附表3-4

序号	单位
1	四川省建设工程造价管理总站
2	天津市建设工程造价和招投标管理协会
3	湖北省建设工程标准定额管理总站
4	重庆市建设工程造价管理总站
5	温州市建设工程造价管理处
6	浙江省建设工程造价管理协会
7	安徽省建设工程造价管理协会

（5）第十三届全国工程造价管理类优秀期刊名单（附表3-5）。

第十三届全国工程造价管理类优秀期刊名单　　　　附表3-5

序号	期刊名称	主办单位
省、部级单位		
1	《北京工程造价》	北京市建设工程造价管理协会
2	《天津工程造价信息》	天津市建设工程造价和招投标管理协会
3	《山西工程建设标准定额信息》	山西省工程建设标准定额站
		山西省建设工程造价管理协会

序号	期刊名称	主办单位
4	《建筑与预算》	辽宁省建设工程造价管理总站
5	《内蒙古工程造价管理》	内蒙古建设工程造价管理总站
		内蒙古建设工程造价管理协会
6	《甘肃工程造价管理》	甘肃省建设工程造价管理总站
7	《青海工程造价管理信息》	青海省建设工程造价管理总站
8	《新疆工程造价管理信息》	新疆维吾尔自治区工程造价管理总站
		新疆建设工程造价管理协会
9	《上海建设工程咨询》	上海市建设工程咨询行业协会
10	《江苏工程造价管理》	江苏省建设工程造价管理总站
		江苏省工程造价管理协会
11	《福建工程造价信息》	福建省建设工程造价管理总站
12	《江西省造价信息》	江西省建设工程造价管理局
13	《浙江造价信息》	浙江省建设工程造价管理总站
14	《安徽工程造价》	安徽省建设工程造价管理总站
15	《山东工程经济信息》	山东省工程建设标准定额站
16	《定额与造价》	湖南省建设工程造价管理协会
17	《海南工程造价信息》	海南省建设标准定额站
18	《广东工程造价》	广东省建设工程造价管理总站
		广东省工程造价协会
19	《河南省工程造价信息》	河南省注册造价工程师协会
20	《湖北省工程造价管理》	湖北省建设工程标准定额管理总站
21	《贵州省建设工程造价信息》	贵州省建设工程造价管理总站
22	《重庆工程造价信息》	重庆市建设工程造价管理总站
23	《水利水电工程造价》	水电水利规划设计总院
24	《煤炭建设信息》	煤炭工业徐州工程造价管理站

续表

序号	期刊名称	主办单位
25	《铁路工程造价管理》	铁路工程定额所
26	《工程造价信息》	中国石油化工集团公司工程定额管理站
27	《石油工程造价管理》	中国石油天然气股份有限公司规划总院
28	《工程经济》	中国建设工程造价管理协会建行委员会
（地市级）单位		
1	《长春工程造价》	长春市建设工程造价管理站
2	《伊犁工程造价管理信息》	伊犁哈萨克自治州建设工程造价管理站
3	《兰州建设工程造价指南》	兰州市建设工程造价管理站
4	《西宁建设市场信息》	西宁市建设工程交易中心
5	《杭州造价信息》	杭州市建设工程造价和投资管理办公室
6	《绍兴市建设工程造价管理信息》	绍兴市建设工程造价管理处
		绍兴市建设工程造价管理协会
7	《太原建设工程造价信息》	太原市建设工程造价管理协会
8	《台州造价》	台州市建设工程造价管理处
9	《常州工程造价信息》	常州市工程造价管理处
10	《泰州工程造价管理》	泰州市工程造价管理处
		泰州市工程造价管理协会
11	《扬州工程造价管理》	扬州市工程造价管理协会
12	《南通建设工程造价信息》	南通市建设工程造价管理处
13	《徐州工程造价信息》	徐州市工程造价管理处
14	《盐城工程造价信息》	盐城市工程造价管理协会
15	《淮安工程造价管理》	淮安市工程造价管理协会
16	《福州建设工程造价管理信息》	福州市建设工程造价管理站
		福州市建设工程造价管理协会
17	《宿州工程造价》	宿州市工程建设标准定额站
		宿州市建设工程造价协会

续表

序号	期刊名称	主办单位
18	《厦门建设工程信息》	厦门市建设工程造价管理站
19	《泉州工程造价管理》	泉州市建设工程造价管理协会
20	《南昌建设工程造价信息》	南昌市建设工程造价管理站
21	《工程造价动态》	郑州市注册造价工程师协会
22	《邯郸工程建设造价信息》	邯郸市工程建设造价管理站
23	《许昌工程造价信息》	许昌市建设工程造价管理协会
24	《平顶山工程造价》	平顶山市建设工程造价管理协会
25	《广州建设工程造价信息》	广州市建设工程造价管理站
26	《珠海工程造价信息》	珠海市建设工程造价管理站
27	《深圳建设工程价格信息》	深圳市建设工程造价管理站
28	《汕头工程造价管理》	汕头市建设工程造价管理站
		汕头市建筑业协会
29	《佛山工程造价信息》	佛山市建设工程造价站
30	《湛江建设工程造价信息》	湛江市建设工程造价管理站
31	《惠州工程造价信息》	惠州市建设工程造价管理站
32	《南宁建设工程造价信息》	南宁市建设工程造价管理处
33	《武汉工程造价》	武汉建设工程造价管理协会
34	《十堰建设工程造价管理》	十堰市建设工程管理处
35	《宜昌工程造价管理》	宜昌市建设工程造价管理站
36	《荆州工程造价管理》	荆州市建设工程造价管理站
37	《荆门工程造价信息》	荆门市建设工程造价管理站
38	《黄石建设工程造价信息》	黄石市建设工程造价管理站
39	《襄阳工程造价信息》	襄阳市建设工程造价管理站
40	《常德建设工程造价》	常德市建设工程造价协会
41	《长沙建设造价》	长沙市建设工程造价管理协会

续表

序号	期刊名称	主办单位
42	《湘潭建设造价》	湘潭市建设工程造价管理协会
43	《工程造价信息》	成都市建设工程造价管理站
44	《自贡建设》	自贡市城乡规划建设和住房保障局

附录四

典型行业优秀企业简介

江苏捷宏工程咨询有限责任公司

江苏捷宏工程咨询有限责任公司是一家依托工程造价咨询业务为龙头的综合性工程咨询企业，具有国家发展改革委、住房和城乡建设部、国家财政部等相关部门批准授予的工程造价、招标代理、政府采购、工程咨询等五项甲级资质。经过 12 年的发展，已成为拥有 200 余名各专业技术人员的大型综合咨询企业。目前业务范围已经从原有的工程造价咨询业务、工程招标代理业务向建设项目全过程投资管理、工程前期咨询、PPP 咨询、信用评级、财务咨询、建材价格信息咨询等领域发展，旨在为工程建设领域客户提供多方位、立体化的价值服务。

自成立以来，江苏捷宏始终秉承以质量求生存、以技术求发展、以管理求效益的经营目标，以宁静的心态、踏实的作风、严格的管理、创新的理念激情工作。将企业管理创新、业务创新、员工素质培养、技术研究发展、信息化建设作为企业发展的重中之重，并进行了深入的探索与实践，取得了良好的效益。

一、管理创新提升企业竞争力

为实现公司的可持续发展，江苏捷宏成立之初就确定了"人工时定额"方式的绩效体系，有效地激发了员工的创造力与积极性。同时，企业内部正在构建董事会领导下的事业合伙人治理结构，将具有良好市场开拓能力与业务执行能力的人才吸引到公司经营团队中来，提升企业的市场竞争力与内部执行力。

二、业务创新适应国家建设新常态

新时期新常态需要咨询企业业务创新。江苏捷宏在日益激烈的市场竞争形势下，积极探索咨询服务的新模式和新方法。在工程造价业务中，开拓了设计阶段设计优化服务与价值工程服务新业务，为客户有效的控制投资。

工程造价指数与指标服务、设计优化的投资控制服务是创新型工程造价咨询服务产品，同时，全力开展PPP项目咨询服务。这些新的业务类型在咨询业务领域目前尚是一片蓝海，江苏捷宏工程已成功地开拓出这片市场，在PPP咨询项目中，已经成功完成了轨道交通、道路工程、科技软件园区、保障房建设等各种类型的项目咨询服务，建设项目前期咨询、PPP咨询、设计阶段的投资控制等服务类型正被列为主要技术研究方向，工程造价的咨询服务触角向工程建设的上游延伸。

三、构建人才培养平台、提高全员素质

人才是企业的生命力，人才进步是企业的最大进步，也是社会文明的进步。江苏捷宏将员工培养提高到企业年度发展目标的高度，建立起了自己的人才培养"造价学校"，制定了针对性的"捷宏教学大纲"。

通过校企合作、产学研一体运营，针对不同层次的员工制定不同的培养方式，形成了"培训、考核、提高、提升"的螺旋式培养提高模式。对年轻员工通过业务、技术的培训提高专业技术水平；对中层业务骨干用管理的培训提高综合管理水平；通过对中高层次人员管理、法务、社会、经济、人文课题的培训，提高经营层人员的综合素质。同时培训与考核相结合，不仅给每个员工提升空间和机会，而且还加强了团队的凝聚力，将员工的个人成长与企业发展有机结合，形成企业生生不息的发展源动力。

四、信息技术研发开拓服务市场

多年的咨询实践证实，咨询服务水平的提高需要有一个强大的工程造价指数（指标）体系。面对行业工程造价指标体系缺失的现状，江苏捷宏毅然投入到工

程造价指数与指标研究中去。目前，依托公司 ERP 信息系统全面建立了各类功能性建筑不同层面的工程造价指标，并在此基础上建立造价指数。利用该指标数据库，信息化引领企业未来发展。

公司相继开发出基于工程咨询企业的官方信息平台、ERP 信息系统、速得 APP 软件等信息化产品，实现了招标代理信息服务、工程造价技术研发、建材价格在线服务、企业管理的网络信息化，为企业的健康快速发展奠定了坚实的基础。

ERP 系统近五年的全面运用，提高了企业信息化水平，将分散的工程数据信息归集到企业数据库中，整合了企业资源，将沉淀在员工个人手中的宝贵资源有效地归集，形成企业资源，以期实现"捷宏指数"，服务全行业。

在材价信息工作中，创新性地将工程项目建材的价格与工程数量融合在一起，通过"速得"造价宝手机 APP，工程造价人员真正实际了"量"、"价"合一，释放了材料设备询价的束缚，极大提高了造价人员的工作效率。借助着信息化的翅膀，用互联网＋的思路为建设项目提供更好的咨询服务。

中国建设银行股份有限公司上海市分行造价咨询中心

中国建设银行股份有限公司上海市分行造价咨询中心（以下简称"中心"）是经中华人民共和国建设部和中国建设银行总行批准，于 1998 年组建的集约化企业。中心在长期为基本建设投资管理服务过程中，注重人才队伍建设，积累了丰富的资源及实践经验，中心及下辖上海市建设工程招标咨询公司具有甲级工程造价咨询、甲级招标代理等资质，通过了 ISO 9001—2008 质量管理体系认证。

中心拥有长期从事建筑技术、经济、法律业务的专业人才 260 余名，其中具有高、中级职称的技术人员 160 余名，具有注册造价工程师、注册招标工程师、注册咨询工程师、注册会计师、注册监理工程师资格的 260 余人次，并有英国皇家特许测量师、上海市注册咨询专家、上海市政府采购咨询专家 20 多名，形成了一支专业齐全、业务素质较高、经验丰富的工程咨询和项目管理队伍。另外还有上海经济界、建筑界及高等院校专家、学者组成的专家委员会作为常年技术顾问。

在上海城市建设和发展的进程中，中心始终坚守"客观、独立、科学、公正"的执业准则，秉承"信誉第一、客户至上"的服务宗旨，通过为社会各界提供优质、高效、专业的服务，在工程造价咨询业务领域拥有良好的社会信誉，树立了"哪里有建设，哪里有建行造价咨询"的品牌形象，深受社会各界的好评和信赖。2012年度荣获全国工程造价咨询百强企业第一名，连续12年获得上海市重大工程立功竞赛先进集体和个人荣誉，连续10年被上海市咨询业行业协会授予"上海市信誉咨询企业"称号，持续5年负责上海市头号重大工程造价咨询服务，连续4年被行业主管部门评为咨询质量优秀单位。

一、传统造价与金融服务互融

近年来，面对竞争日益激烈的市场，中心坚持"创新为先，创新为重"的发展思路，在秉承工程造价咨询传统的同时，发挥在银行金融体系中开展造价咨询业务的独有优势，紧盯固定资产投资方向，紧跟政府投资管理趋势，依靠敏锐的市场洞察力，细分客户需求，努力创新业务产品及管理模式。以"造价技术管控资金"为服务要领，以使用合理、流程合规、资金安全为服务切入点，通过"基建账户资金管理"、"下游工程款专户监管"等融合"金融"、"造价"双专业的创新产品，延伸造价管理服务范围至项目建设资金流的前后端，帮助客户实现静态项目建设资金管理合理可控，资金账户建设资金效益最优，动态资金使用安全有序。走出了一条以传统造价咨询为基础，以客户需求为导向，多方位融合其他专业的创新发展之路。

二、与时俱进提升生产效率

中心深知"先进的作业模式就是第一生产力"的硬道理，学习国外先进理念，在业内较早推行了"前、中、后台分离"的业务操作模式：前台面向市场和客户，中台负责具体算量操作，后台负责监督管理、技术支撑和综合保障；实现了"提高效率、加强内控、防范风险"的目标。随着BIM时代的到来，建筑业各领域正在面临深刻的变革和发展。为适应新时期建筑市场发展的要求，中心以专业复合型人才培养、改进及完善传统工作方法和生产流程为转型方向，提升生产效率，满足客户需求。

三、严格管理保障优质服务

中心沿承金融系统一贯严谨的管理作风，对人力资源、咨询服务等各方面进行全方位系统管理。坚决杜绝社会上咨询行业常见的"业务挂靠"、"业务转包"等不规范行为的发生，高度重视业务管理和风险防控工作，始终将确保咨询成果和服务质量、严防违规事件发生作为发展业务的前提，切实维护业主利益。在行业内，中心是较早通过 ISO 9001：2008 标准质量管理体系认证的咨询机构，通过持续贯标工作确保业务操作合规高效。中心在咨询服务过程中严格执行下列质量内控制度：执业道德准则及行为准则、执业操作指导规程、成果资料三级复核审批制度、信息资料管理制度、廉洁从业制度、定期排漏查疑和风险点排查制度等。严谨的内控管理，确保了咨询服务的高质量。近年来，中心始终保持合同履约率 100%，客户回访满意率 100%。

信永中和（北京）国际工程管理咨询有限公司

信永中和（北京）国际工程管理咨询有限公司（原北京信永中和工程造价咨询事务所有限公司，以下简称信永中和造价）成立于 1993 年，是在北京注册的具有独立法人资格的专业造价咨询机构，并首批获得原建设部颁发的工程造价咨询甲级资质证书。在信永中和集团的一体化管理下，信永中和造价与财务审计、管理咨询、税务咨询等板块共同构成了国内大型综合性事务所之一。经过 20 多年的发展，尤其是近 10 年内取得了骄人的成绩，近几年的年增长速度在 30% 左右，专业人员已超过 700 名，造价咨询业务收入已超过 2 亿元。这主要由于信永中和经过长期的探索，找到了一条适合自己发展壮大的途径。

一、价值取向、目标追求及发展战略要求信永中和造价快速发展

"为人信，求道永，执事中，取法和"是信永中和的核心价值观，以信立身，致力建设永久基业，把独立、客观、公正作为执业准则，崇尚和谐、

和睦、和气、合作。

信永中和每 5 年制定一次发展规划，目前的"四五"规划，明确了奋斗目标，致力于发展成为国内一流的处于行业领导地位并备受尊重的综合性大型专业服务机构，同时希望将信永中和造价建设成"具有国际视野和国际服务能力，并且具备国际认知度的中国品牌事务所"。

价值取向和发展目标决定了"做强、做大"的必然性，而不能仅仅停留在低端、小农式的经营阶段随性发展。从信永中和的实践经验来讲，"做强、做大"战略主要是通过"内部整合资源—做强、外部整合机构—做大"加以实施。

二、优秀的企业文化是信永中和快速发展的基石

信永中崇尚以人为本，尊重爱惜人才，宁愿多招员工，也不主张员工长期大强度量的加班，给合伙人、经理相宜的业务指标，不主张合伙人、经理大幅度地超额完成指标，希望合伙人、员工都有好的生活质量和工作质量。

信永中和从合伙人到普通员工都是企业的主人，互为打工者。所有合伙人在业务管理上是完全平等的，在业务承接、实施过程中，合伙人之间互相支持，在业务实施过程中，合伙之间互相帮助，信永中和的核心合伙人——管理委员会，通过合伙人会议的完全民主选举产生。领导层无享受的特权，只有为公司做更大贡献的义务。

公司每年对所有员工进行一次考评，优秀者可以升级加薪，包括合伙人，普通员工可以逐步升级到合伙人，为合伙人建立了良好的退休机制。公司在绩效评价模块中，对不同级别的员工，建立了近 20 项考核指标，高级别员工对低级别员工在系统中进行客观评价。

三、信永中和集团为信永中和造价的发展建立了良好平台

信永中和会计师事务所成立于 1986 年，通过近 30 年的发展，在境内外都拥有了良好的声誉，并且拥有了一大批优质客户，如：在中国内地有 160 多家上市公司及大量央企、国企和大型私企客户，在中国香港有 56 家上市公司客户，在澳大利亚有 4 家上市公司客户。为工程造价的发展、合并、业务承接扩大了影响，

建立了工程造价板块快速发展、可持续发展的黄金客户群。

四、建立一套较为完善的管理制度，为信永中和造价的平稳发展保驾护航

信永中和造价经过 20 多年的发展，依托信永中和集团，建立了一系列管理制度，如分所管理制度、财务管理制度、造价咨询管理办法、业务操作流程、员工岗位责任制、人员调配管理办法、档案归档管理办法、质量内风险管理制度、工程造价咨询保密制度等等。根据建设行政管理部门颁发的文件、标准、规范，进行适时修订，每 3 年进行一次大修订，为信永中和造价的平稳发展保驾护航。

五、高度协同的一体化管理

信永中和造价与信永中财务审计、管理咨询、税务咨询等板块共同构成信永中和，各板块间、总分部完全实行一体化的矩阵式管理，所有合伙人实行信息共享、利益共享，这种管理方式有利于调动所有合伙人的积极性，有利于专业人员的统一调配，以最低成本实现最大利润，充分发挥信永中和规模化、专业化、信息化等优势，为客户提供全方位的综合服务。

六、重视专业团队建设

（1）把好员工招聘关，引进高素质人才。根据所承接的项目类型，所面对的客户及市场的要求，进行招聘；招聘时关注应聘者的学历、专业、从业经历、执业或从业资格、跳槽的频率等信息；通过笔试、多次面试，严格挑选人才。

（2）员工辅导关系导航图的建立

为了加强质量管控，信永中和建立了员工辅导关系图，让高级别员工和低别员工结对子，有针对性地重点指导。

（3）加强员工的培训，提高员工的业务能力，保证项目的咨询或审计的质量。新员工必须参加 3 天的上岗前培训，造价师、造价员除参加各协会组织的网上培训教育外，都必须参加公司组织的内部脱产培训，公司针对不同级别的员工设置了不同的课程和学时要求，初级员工不低于 48 小时，中级员工不低于 56 小时，

高级员工不低于 64 小时，项目经理以上人员不低于 80 小时。统一思想，统一认识，提高员工的业务水平和实际操作能力。

（4）鼓励员工参加注册造价师考试，每科给予 5 天的考试假，对拿到注册造价师证书的员工，给予加薪奖励。

七、严格的质量风险管理

公司主张对造价咨询成果质量进行全过程跟踪管控，实行项目经理、部门经理、技术负责人、负责合伙人严格的四级复核制度，保证成果文件的质量。

同时，公司制定了成果文件质量风险管理办法，每年进行一次成果文件风险质量检查，直接与合伙人、员工的升级、奖励等关联，确保成果文件的质量。

八、不断融合有共同理念和追求者加入，实现快速的规模化发展

在明确价值导向下，搞好顶层设计，潜心在制度化、标准化、专业化、信息化和一体化上下功夫，练好内功，历久弥坚，打造提供聚集整合的良性土壤和可复制扩充的健康发展平台；以良性平台为基点，制定规划，有计划、有步骤地进行布局；在众多有共同理念者中遴选确定合并目标，遵从公平合理原则"对价"谈判，每年成功整合 1 ~ 3 家。

实施合并之后首先是统一管理：统一办公室整装、进行资产移交，统一行政财务核算，统一人员工资及定编定岗，进行入职培训，统一客户管理及技术标准规范，统一信息化系统管理等，建立督导合伙人制、委派制、上下交流制等，不断跟进，确保平稳过渡、整合成功，循着合并—融合—再合并—再融合的轨迹，不断壮大，在长期实践中探索出一套有效的良性、快速发展之路。

九、对内整合资源，做到有效管控，大而不乱

借助并不断完善成熟有效的管理体系——科学合理的合伙人机制、完善的内部管理制度、矩阵式管理架构等，借助并不断地补充大型、高端审计客户对多元业务服务需求的支撑等，借助并不断完善一体化管理，进行统一整合，做到大而不乱、大而不散。

合伙人机制：合伙人之间没有围墙，实行对价原则。真正实现平等共处的合伙文化。吸纳谁、何时吸收，一视同仁、平等发展、共享成果。

管理架构：纵、横结合的矩阵式管理，集团成为完整整体。资源共享、协同运作，实现了成本效益最大化的协同效应。

制度建设：涵盖人力资源、业务执行、客户管理、财务核算、执业标准、技术支持等，全方位实现了公司管理层和业务层的全面良好控制。

财务管理：建立了总部和全国各分所统一的核算网络平台，实现了对各分所财务数据动态的实时监控和预算管理。

评价及培养：建立了公平透明的员工评价、晋升机制，按年度考核，使员工在信永中和能发展、有奔头、共成长。

市场和客户：一体化的综合市场开发及客户管理——协调小组、委员会、市场部。实施多元开发，统一把关，统一分配，协同执行。

风险控制：通过职业承诺、业务承接把关、过程多级复核、年度风险检查等各项措施严控业务质量及风险。

信息化网络：已成熟运用协同管理系统、财务核算系统、通信联络系统以及信息共享平台。目前正实施第二轮信息化战略，有力支撑保障了公司规模化发展。

上海第一测量师事务所有限公司

随着我国社会主义市场经济的发展，工程造价咨询机构的数量和服务水平取得了长足发展。上海第一测量师事务所有限公司作为其中一员，二十多年来面向市场，勇于进取，坚持"以实立业、以诚为基、以勤图治、以精取胜"的理念，坚持全过程造价咨询服务特色，在业内取得了良好的口碑。

一、以实立业，开拓全过程造价咨询服务市场

上海作为全国工程造价咨询业领先的城市之一，现有的造价咨询单位大都经历过传统市场的开拓、生存和发展。上海第一测量师事务所成立于1994年，1996年底正式进入造价咨询领域，在分析了市场现状和自身特点后，公司认为

只有坚持建设工程全过程造价咨询，才是发展的最佳途径。公司在开展全过程工程造价咨询服务的过程中，针对上海地区建筑市场外资介入较多，市场存在全过程造价咨询服务需求的实际情况，在政府主管部门及行业协会的指导下，从服务内容、人才培训、市场开拓着手，定位与国际惯例接轨的全过程造价咨询服务。公司从几千万甚至几百万的小项目做起，当时的行业收费仅有审价收费标准，公司的全过程造价咨询服务是涵盖整个建设过程的，一个项目做下来几无利润。当时的内资建筑市场几乎没有需要全过程造价咨询服务的项目，而外资项目还不具备和外资咨询企业叫板的实力和知名度。公司在市场的磨炼中不断地提高自身的管理水平和业务水平，逐渐被中外客户熟知，其后，公司完成了新天地等一些有影响的大项目，使公司的知名度大涨，而公司坚持的全过程造价咨询这一服务特色真正得到了市场的认可。

造价咨询服务在整个建设过程中，体现服务水平高低的标准在于建设工程合同的履约，而制定合同是控制造价的前提，也是造价咨询机构专业水准的体现。国外同行的一大优势即在于其合约管理的能力。因此，无论是全过程造价咨询，还是单一的招投标代理，哪怕一个项目多达上百个合同，公司始终坚持为业主提供制定合同的服务。在编制合同文本的过程中公司严格遵循建筑业法律法规，明确总承包与分包之间清晰的界面关系，保障业主对分包的主动权，明确工程变更、索赔、支付的原则，避免业主与总承包之间界限不清，为业主制定满足市场化的闭口或接近闭口的建设合同，无论是业主、总承包还是分包，在合同履约过程中真正做到有据可查、有约可依，减少不必要的矛盾，起到控制工程建设资金、保障质量和保证工期的作用，公司在合同管理上积累了丰富的经验和资料。

二、注重专业理论研究

公司提出全过程造价咨询管理这一特色服务，是通过学习和研究了发达国家同业的经验，先后翻译整理了英国工程量计算规则、新加坡政府工程示范合同文本等专业资料，结合国内的地方政策法规，形成了一整套标准化招标文件和合同文本，为全过程造价咨询服务奠定了坚实的基础。进入 21 世纪，公司率先结合国际国内同类咨询业特点，制定了公司业务操作规程。与此同时，积极参与行业协会、上海市和住建部主导的相关规程、规范与标准的制定，为行业发展贡献了一份力量。公司主动承担了造价管理改革和项目管理理论研究课题以及项目公司管理、各类示范文本等诸多文件的起草，为公司进入工程项目管理咨询领域夯实了基础。

三、始终贯彻诚信执业宗旨

工程造价咨询企业作为中介机构，有社会赋予它的责任，特别是在不成熟的市场经济条件下，工程造价咨询企业在工程造价管理中的作用将越来越大。公司在制订自己的质量方针时提出"真诚、效率、公正、高标准"，并在质量手册中指出公司的服务不仅要让业主满意，还要考虑社会赋予的责任，维护职业操守是企业长期发展的根本。

毋庸置疑，这20年来工程造价咨询市场的竞争激烈而无序，专业服务如果收费过低甚至不合理，势必影响服务质量。二十多年来公司秉承以高专业水准和高质量服务立足市场，不参与恶性价格竞争。虽然失去了不少机会，但公司在坚持合理收费的同时，也保证了服务质量，为行业健康有序的发展做出了贡献。公司贯彻"惟精、惟诚、惟实、惟勤"的企业精神，新员工进公司的第一天，公司会组织入职培训，宣传公司的企业精神，学习员工守则，在守则中明确规定员工需遵守职业道德规范，维护公司的信誉，使每个员工明了公司以诚为基，诚信执业的宗旨。培育一流人才是公司生存与发展的根本。公司发展到今天的规模，除了科学的决策和对市场环境的适应，最根本的一点还是对"人"的培育。要有一批既懂业务，又有较高政治素养，既能克勤克俭，又有胸怀大志的人才，才能创造出一流的企业，才能为社会提供一流的服务。根据项目不同的特性，公司不断摸索与不同业主的沟通交流方式及服务形式，与业主沟通交流顺畅与否，将直接影响项目实施效果。

二十年来，公司的业务从结算审价扩展到以全过程造价咨询为主，涵盖招标代理、工程咨询、造价鉴定、项目管理及融资策划等多方面服务。源远者流长，根深者枝茂，公司的发展任重而道远，建筑行业加快了转变发展方向的步伐，注重走集约、智能、绿色、高效的可持续发展之路，更强调建立公平、规范、透明的市场机制。面对新的机遇与挑战，公司将努力打造以合同管理为核心的全过程造价咨询服务模式，争当行业发展的领头羊。

中德华建（北京）国际工程技术有限公司

中德华建（北京）国际工程技术有限公司（以下简称"中德华建"，股权代码：202859）是经国家发展改革委、住建部和水利部等相关部门批准授予资质的综合性工程咨询公司。公司及二级公司具有甲级工程造价咨询、甲级工程咨询、甲级工程监理及甲级招标代理等资质。公司注册资本1200万元，公司通过了ISO 9001—2008质量管理体系认证。

公司拥有一批高素质的专业团队，现有员工近400人，其中项目管理专家19名、注册造价工程师32名、注册咨询工程师（投资）34名、国家注册一级建造师10名、注册监理师33人、招标师7人、注册造价员52名、招标代理员32名；高级工程师30名、工程师50名；公司还拥有国家注册资产评估师，注册会计师，注册企业法律顾问，省、市评标专家，国家审计署直接授予的高级审计师、高级会计师等高级专门人才。公司携手世界三大工程咨询公司——英国格利资工程咨询有限公司以及美国林同炎工程咨询公司、荷兰隧道专业—TEC公司联手进军国内工程咨询的市场。

公司近几年先后承接PPP咨询、工程造价咨询、工程咨询、工程项目管理、招标代理、工程监理等业务3000余项，项目总造价达8600多亿元。

在中国经济进入新常态下，公司在完成好传统业务的基础上，积极拓展新业务市场，形成竞争新优势。

一、开发PPP咨询新业务

目前，国家在大力推行PPP（政府与社会资本合作）模式。国务院、各部委陆续出台PPP相关政策，鼓励地方政府发展公用事业。这既为公用事业改革提供依据，也是地区经济社会发展的一大契机。不过，现阶段PPP基本法律空缺，多项政策之间存在衔接不畅甚至不相符合的情况，加之地方政府缺乏PPP经验、政府投融资平台面临转型、监管机制尚未健全等情况，使得PPP政策落地和现实操作愈发复杂。引入专业咨询机构，将有助于解决这些问题。公司具有良好的资源优势，与多领域专家和顾问团队共同研究、开发和实施制度解决方案，为客户提供"PPP综合解决方案"和"新型城镇化综合解决方案"，即从理论到实务，从法律到政策，从战略到实施，从可行性研究到投融资规划，从PPP实施方案制订到PPP项目落地，提供包括综合咨询、法律顾问、财务顾问的全方位、全流程服务。PPP项目的介入也为造价咨询等传统意义上的工程服务提供了广阔的空间。

二、积极应用BIM新技术

公司清楚地认识到企业核心竞争力就是产品技术差异化和创新性，在造价咨询新理念、新方法、新技术层出不穷的今天，工程造价企业只有积极学习并掌握新技术，才能保持咨询技术的持续领先，从而使咨询企业在长远的咨询竞争中立于不败之地。BIM技术就是造价咨询行业必须掌握的新技术。它具有可视化、协调性、模拟性、优化性和可出图性五大特点。BIM对于工程造价管理的影响是全方位的，是未来工程咨询行业的技术发展方向，目前它的潜力和价值还没有发挥，但在不久的将来，工程造价的人员将不再进行比较单一复杂的工程量的计算，他们可以用更多的时间进行成本的控制和管理，更加注重工作流程的管理。随着BIM技术运用，造价咨询将主要进行设计经济技术评审、工程造价成本控制体系建立等高端管理技术咨询。

公司已将BIM技术应用于项目全过程的造价管理中，引进、消化、吸收，提升行业咨询技术含量及附加值，为行业技术腾飞插上了新的翅膀。

三、对接资本市场

工程咨询企业必须拓展业务范围，才能走得更远、更长久。但资本从何而来？工程造价咨询企业属于轻资产公司，没有可抵押资产，银行贷款较难，随着我国多层次资本市场的建立，E板、新三板、战略新兴板、科技创新板上市门槛较低，对上市企业要求条件不高，非常适合造价咨询企业上市融资。公司已于2014年12月9日在上海股权交易中心挂牌，成为工程造价咨询行业上市第一股，扩大了公司在全国的影响力。

我国各省份高等院校情况一览表

（1）我国各省份开设工程造价专业高等本科院校情况一览表见附表5-1。

我国各省份开设工程造价专业高等本科院校情况一览表　　　　　　附表5-1

区域	省份	院校	数量
华北地区	北京	北京建筑大学	16
		燕京理工学院	
	天津	天津理工大学	
		天津城建大学	
	河北	河北建筑工程学院	
		河北外国语学院	
		华北理工大学轻工学院	
		华北电力大学（保定）	
		华北电力大学科技学院	
		石家庄经济学院	
	山西	山西大学	
		山西工商学院	
		山西应用科技学院	
	内蒙古	内蒙古科技大学	
		内蒙古财经大学	
		内蒙古农业大学	

续表

区域	省份	院校	数量
东北地区	辽宁	大连理工大学城市学院	18
		大连大学	
		沈阳建筑大学	
		辽东学院	
		沈阳城市学院	
		辽宁科技学院	
		辽宁工业大学	
	吉林	长春工业大学人文信息学院	
		长春科技学院	
		长春建筑学院	
		长春工程学院	
		吉林建筑大学	
		吉林建筑大学城建学院	
	黑龙江	哈尔滨华德学院	
		哈尔滨剑桥学院	
		绥化学院	
		黑龙江工程学院	
		黑龙江东方学院	
华东地区	江苏	苏州科技学院天平学院	45
		河海大学文天学院	
		东南大学成贤学院	
		南京工程学院	
		南京审计学院	
		三江学院	
		徐州工程学院	
		淮阴师范学院	
		浙江科技学院	
		嘉兴学院南湖学院	

续表

区域	省份	院校	数量
华东地区	浙江	绍兴文理学院	45
	安徽	铜陵学院	
		黄山学院	
		阜阳师范学院信息工程学院	
		安徽建筑大学	
		安徽财经大学	
		安徽工业大学	
	福建	华侨大学厦门工学院	
		武夷学院	
		莆田学院	
		福州外语外贸学院	
		福建工程学院	
		泉州信息工程学院	
		福建江夏学院	
		厦门大学嘉庚学院	
		闽南理工学院	
	江西	江西理工大学	
		华东交通大学理工学院	
		南昌理工学院	
		新余学院	
		九江学院	
		江西科技师范大学	
		江西工程学院	
		江西财经大学	
	山东	青岛黄海学院	
		青岛农业大学	
		青岛理工大学	
		潍坊科技学院	

区域	省份	院校	数量
华东地区	山东	山东科技大学	45
		山东协和学院	
		山东英才学院	
		山东建筑大学	
		山东农业工程学院	
		聊城大学东昌学院	
		山东工商学院	
华中地区	河南	中原工学院	35
		黄河科技学院	
		洛阳理工学院	
		中原工学院信息商务学院	
		华北水利水电大学	
		许昌学院	
		黄淮学院	
		安阳师范学院人文管理学院	
		商丘工学院	
		河南财经政法大学	
		郑州航空工业管理学院	
		河南城建学院	
		黄河交通学院	
		商丘学院	
		郑州升达经贸管理学院	
		郑州财经学院	
		郑州科技学院	
	湖北	三峡大学科技学院	
		湖北文理学院	
		华中科技大学武昌分校	
		三峡大学	

续表

区域	省份	院校	数量
华中地区	湖北	中南财经政法大学	35
		武汉科技大学城市学院	
		三峡大学科技学院	
		武汉纺织大学	
		湖北工程学院	
		武昌理工学院	
		湖北工程学院新技术学院	
		武汉生物工程学院	
		湖北经济学院法商学院	
		湖北经济学院	
	湖南	湖南财政经济学院	
		湖南工学院	
		湖南城市学院	
华南	广东	广东工业大学华立学院	8
		广东技术师范学院天河学院	
		广东白云山学院	
	广西	百色学院	
		桂林理工大学博文管理学院	
		广西工学院	
		广西科技大学鹿山学院	
	海南	海口经济学院	
西北地区	陕西	长安大学	13
		西安财经学院	
		西安翻译学院	
		西京学院	
		西安欧亚学院	
		西安培华学院	
		西安科技大学高新学院	

续表

区域	省份	院校	数量
西北地区	陕西	西安思源学院	13
		陕西服装工程学院	
	甘肃	兰州理工大学	
		兰州商学院陇桥学院	
		兰州交通大学博文学院	
		天水师范学院	
西南地区	重庆	重庆大学城市科技学院	35
		重庆文理学院	
		重庆科技学院	
		重庆交通大学	
		重庆大学	
		重庆工程学院	
	四川	西南交通大学希望学院	
		四川大学	
		成都学院	
		成都信息工程学院银杏酒店管理学院	
		西南财经大学天府学院	
		西南科技大学	
		西南科技大学城市学院	
		西华大学	
		内江师范学院	
		乐山师范学院	
		四川师范大学	
		四川师范大学成都学院	
		四川大学锦江学院	
		四川大学锦城学院	
		四川文理学院	

续表

区域	省份	院校	数量
西南地区	四川	四川理工学院	35
		成都师范学院	
		四川农业大学	
	贵州	贵州大学明德学院	
		贵州民族大学人文科技学院	
		贵州财经大学	
		凯里学院	
	云南	昆明理工大学津桥学院	
		云南大学滇池学院	
		云南工商学院	
		云南农业大学	
		昆明理工大学	
		云南师范大学商学院	
		昆明学院	

（2）我国各省份开设工程造价专业高等专科院校情况一览表见附表5-2。

我国各省份开设工程造价专业高等专科院校情况一览表　　　　　附表5-2

省份 ＼ 年份 学校数量		2010年	2011年	2012年	2013年	2014年	2015年
		招生总数					
北京	7	100	120	144	487	564	631
天津	8	363	768	140	937	937	1302
河北	47	2035	2256	2767	4115	4115	4784
山西	10	739	1130	1274	1663	1764	1277
内蒙古	17	915	1006	1103	1892	1874	1448
辽宁	12	630	745	1120	1234	1793	1621
吉林	11	490	595	681	832	813	973

续表

年份 省份　学校数量		2010 年	2011 年	2012 年	2013 年	2014 年	2015 年
		招生总数					
黑龙江	25	900	1077	1443	1926	1736	1818
上海	4	110	195	245	590	713	600
江苏	37	1903	1882	1974	2244	2634	3317
浙江	15	1190	1587	1529	1570	1897	2279
安徽	32	1659	1752	2398	2009	2359	2249
福建	27	740	928	1447	2000	3084	3235
江西	29	1052	1094	1268	3551	3582	3101
山东	42	2614	2775	3365	6488	6436	6228
河南	52	2037	2458	2955	2528	3006	3933
湖北	37	1664	1816	1673	3150	3516	4211
湖南	20	1084	795	866	2219	1339	2611
广东	29	1490	2071	2368	2772	2975	3107
广西	24	1099	1332	1684	2666	2538	2277
海南	5	320	379	404	502	680	395
重庆	16	668	1042	1405	1733	1943	2003
四川	44	2217	2269	2972	4831	4855	5329
贵州	13	300	300	612	916	785	1032
云南	20	456	1123	1053	1601	1727	1978
陕西	28	1079	1934	3303	4475	4499	4639
甘肃	6	545	680	620	915	970	613
青海	2	70	70	70	270	180	242
宁夏	2	170	170	100	80	194	155
新疆	9	722	713	824	1343	1406	1341